U0171102

Original Japanese Language edition

DAIGAKU KATEI DENKI SEKKEI GAKU (KAITEI 3 HAN)

by Toshitaro Takeuchi, Shoji Nishikata, Tadashi Ashikaga, Kazumi Ikarashi, Taketora Ito, Shigeo Ominato, Koji Yamada, Takayuki Mizuno, Yoichi Watanabe

Copyright© Toshitaro Takeuchi, Shoji Nishikata, Tadashi Ashikaga, Kazumi Ikarashi, Taketora Ito, Shigeo Ominato, Koji Yamada, Takayuki Mizuno, Yoichi Watanabe 2016

Published by Ohmsha, Ltd.

Chinese translation rights in simplified characters by arrangement with Ohmsha, Ltd.

through Japan UNI Agency, Inc., Tokyo

大学課程 電機設計学（改訂3版）

竹内寿太郎　西方正司　株式会社オーム社 2016

著者简介

竹内寿太郎

1913年	毕业于东京高等工业学校电气工程科
1925年	工学博士
曾　任	东京电机大学教授
	东京电机大学电动力应用研究所所长

主编简介

西方正司

1975年	完成东京电机大学研究生院工学研究科硕士学业
1984年	工学博士
现　任	东京电机大学工学部电气电子工学科教授

电机设计学

（修订第 3 版）

〔日〕竹内寿太郎　著
〔日〕西方正司　主编
　　蒋　萌　译

科学出版社

北　京

图字：01-2022-0713号

内 容 简 介

本书介绍现在得到广泛应用的主要电机的最新设计，各章由各个领域的专家针对当下的设计编写，内容包括电机的本质、电机设计的基础、三相同步发电机的设计、三相感应电动机的设计、永磁同步电动机的设计、直流电机的设计、变压器的设计、电机设计总论、电力电子与电机设计等，希望读者能够领会最新的电机设计要点。

本书有助于电机相关领域的教育和设计能力提升，对于从事电机设计工作的读者也是不可多得的优质参考书。

图书在版编目（CIP）数据

电机设计学：修订第3版/(日)竹内寿太郎著；(日)西方正司主编；蒋萌译.—北京：科学出版社，2022.4
　　ISBN　978-7-03-071722-1

Ⅰ.①电⋯　Ⅱ.①竹⋯　②西⋯　③蒋⋯　Ⅲ.①电机—设计
Ⅳ.①TM302

中国版本图书馆CIP数据核字（2022）第034849号

责任编辑：杨　凯 / 责任制作：魏　谨
责任印制：师艳茹 / 封面设计：张　凌
北京东方科龙图文有限公司　制作
http://www.okbook.com.cn

科学出版社 出版
北京东黄城根北街16号
邮政编码：100717
http://www.sciencep.com
天津市新科印刷有限公司　印刷
科学出版社发行各地新华书店经销

*

2022年4月第 一 版　　　开本：787×1092　1/16
2022年4月第一次印刷　　　印张：17
字数：311 000

定价：68.00元
（如有印装质量问题，我社负责调换）

编者简介

足利正

1975年	毕业于日本国立秋田工业高等专业学校电气工程科
1975年	就职于株式会社明电舍
1997年	博士（工学）
现　任	株式会社明电舍电机驱动事业部顾问

五十岚和巳

1978年	毕业于法政大学工学部电气工程科
1978年	就职于株式会社明电舍
现　任	株式会社明电舍变电担当常务执行董事

伊东竹虎

1981年	毕业于东京理科大学工学部电气工程科
1981年	就职于株式会社明电舍
现　任	株式会社明电舍发电事业部项目经理

大凑茂夫

1975年	毕业于日本早稻田大学理工学部电气工程科
1975年	就职于株式会社明电舍
现　任	东京电机大学客座讲师

山田幸治

1985年	毕业于日本岐阜工业高等专业学校电气工程科
1985年	就职于株式会社明电舍
现　任	株式会社明电舍电机驱动事业部电动力应用制品企划部部长

水野孝行

1981年　完成日本中部工业大学研究生院工学研究科硕士课程

1981年　就职于株式会社明电舍

1992年　博士（工学）

现　任　株式会社明电舍电机驱动事业部首席理事

渡边洋一

1985年　毕业于日本几德工业大学（现神奈川工科大学）电气工程科

1985年　就职于株式会社甲府明电舍

现　任　株式会社甲府明电舍设计部部长

修订第2版编者简介

矶部直吉

1939年　毕业于电机学校高等工业科
1954年　工学博士
曾　任　东京电机大学名誉教授

石崎彰

1948年　毕业于东京工业大学工学部电气工程科
1955年　工学博士
曾　任　东京电机大学教授
　　　　EM技术研究代表

高井章

1954年　毕业于新潟大学工学部电气工程科
曾　任　株式会社明电舍成员

松田勋

1939年　毕业于东京工业大学工学部电气工程科
曾　任　株式会社明电舍成员

坪岛茂彦

1949年　毕业于东京工业大学工学部电气工程科
1961年　工学博士
曾　任　株式会社明电舍成员

前　言

　　已故竹内寿太郎博士的著作《电机设计大学讲义》（欧姆社）成书于1953年，1979年对其修订并改名为《电机设计学》。随着时代的变迁，历经多次修订，本次已是修订第3版。前两个修订版的出版已是20年之前的事了，参与修订的各位编者已相继离世。考虑到仍有许多大学采用本书作为教材，欧姆社委托本人再次修订。也许是因为本人熟识多次参与修订竹内寿太郎老师著作的矶部直吉老师，与明电舍的相关人员讨论后，对方欣然应允全力协助修订。

　　由于距前一次修订甚远，因此有必要做全面修订，主要修订如下：

　　（1）构成电机的各种材料的特性较前一次修订时有大幅度提升，相关的JIS和JEC标准也有变化，所以本次修订根据最新标准进行了全面校订。

　　（2）近年来，稀土类永磁体的性能显著提高，永磁电动机被广泛应用于工业、民生等领域，因此本次修订增加了全新的第5章"永磁同步电动机的设计"。

　　（3）三相感应电动机（第4章）的特性计算中，删除修订第2版及之前记载的圆图计算法，取而代之的是近年来应用广泛的等效电路。

　　（4）以往的尺寸单位多使用厘米，本次修订根据制造现场的实际情况统一改用毫米。

　　（5）近年来，出于对电机相关授课时间的考虑，几乎没有详细介绍绕线方法。本次修订为了方便读者理解，在第3章"三相同步发电机的设计"的开篇增加了绕线的相关概念说明。

　　贯穿原著到当前修订第3版的《电机设计学》深入人心，本书各章由各个领域的专家针对当下的设计编写，希望读者能够领会最新的电机设计要点。近年来，为了培养"针对非唯一答案的课题，综合多项技术找出可行的解决方案的必要能力"，充实设计教育的需求日益迫切，本次修订多少对此有些帮助。

　为此，本书介绍了现在得到广泛应用的主要电机的最新设计。庆幸的是，原著作者竹内寿太郎博士七十多年前首创的用于电负荷和磁负荷分配的微增率法仍然适用于所有电机，包括新增的永磁电动机设计，这份洞察力令人叹服。

　作为电机设计的标准教材，本书有助于电机相关领域的教育和设计能力提升，对于从事电机设计工作的读者也是不可多得的优质参考书。

　谨以本书向竹内寿太郎老师致敬，并向一直以来为修订尽心尽力的矾部直吉老师，以及明电舍的各位深表谢意。

主编　西方正司

2016年10月

修订第2版前言

1979年修订版的前言中讲述过书名《电机设计学》的缘起。

本书主要讲解原著作者竹内寿太郎博士提出的电机设计法——"微增率法"，根据其理论介绍旋转电机和变压器等的具体设计实例，在大学作为电气专业教材沿用至今。微增率法作为电机设计基础理论没有变化，但设计实例需要与时俱进。

随着1986年JIS标准的修订，电机的主要原材料"硅钢板"的牌号改由厚度、表示各向同性或各向异性的符号、铁损保证值三者组合表示。这关系到本书的所有章节，因此本书急需再次修订。

首先，第1章中有关硅钢板的两个表格中的硅钢板牌号根据新标准进行了修改。坪岛委员根据新标准给出的铁损值推算出磁滞损耗系数及涡流损耗系数，经反复研究后修改了表中的数据。相应的，各章的责任委员也对正文中的设计计算实例和章末的附录设计表中的硅钢板牌号、铁损相关数据进行比对，重新计算效率和温升后改成了新数据。

与前一修订版的最大不同在于，旋转电机设计实例为了缩短工序而选用了0.5mm厚的硅钢板，变压器则为了提高效率而选用了0.3mm厚的硅钢板，这也是时代的趋势。

另外，根据上述修订，第8章针对电力电子的发展进行了大幅修订。

以上修订虽略晚于JIS修订，但笔者相信它能适应时代的进步，再次成为优秀教材。

各章编者积极对数据进行了重新计算，在此深表感谢。

矶部直吉
1993年1月

修订版前言

本书的前身是已故竹内寿太郎博士所著的《电机设计大学讲义》，讲解电机设计理论核心——负荷分配相关的"微增率法"的依据，同时简要总结适用于各种电机的设计计算步骤，不仅广泛用作大学教材，更受广大电气技术从业者的喜爱。

《电机设计大学讲义》出版于1953年，1968年修订至今业已十余年。

微增率法理论至今也没什么变化，但是随着绝缘材料及其他材料的发展，电力电子与电机融合新技术的开发，以及电机设计中计算机的使用等，这一修订版问世之后，有关电机设计的新问题层出不穷。

如今作者已故，深受竹内寿太郎博士影响的读者们希望这部著作顺应时代变化，再次修订，以流传于世。谨遵原著，《电机设计学》新生。如此修订原著实属罕见，编者与欧姆社反复审议新书名及内容，分别进行了针对性修订，最后由矶部直吉统稿。

经过全新修订，本书结构基本与原著相同，但增加了电力电子和计算机等与电机设计相关的简短新章节。第2章的微增率法理论展开基本保持不变，只将章末的负荷分配常数和基准磁负荷改成了当前的数据。

同步电机等各种电机的设计实例的具体设计步骤也基本与原著相同，只是计算例题均改成了新例题。特别交流电机的漏抗计算，原著中过于简略，新版中加入了新公式；原著基于发电机讲解直流电机设计实例，新版中则改为电动机；配电变压器设计也改用了卷绕式铁心。诸如此类，新版进行了全面修订。

此外，新版根据原著出版后JEC标准的修订情况相应修改了单位名称和专业术语。

本书由编者们精心编撰完成，适应当今的电机设计，想必能胜任大学电机工程专业的设计学教材。

希望本书不仅能成为电机设计的参考书，也能助学习电机结构和理论的读者一臂之力。

最后，谨将本书献给为后人留下珍贵学习资料的竹内寿太郎老师。

编者代表　矶部直吉

1979年8月

目　　录

第 3 章　三相同步发电机的设计

第4章　三相感应电动机的设计

第 5 章　永磁同步电动机的设计

第 6 章 直流电机的设计

第 7 章　变压器的设计

第 8 章　电机设计总论

第 9 章　电力电子与电机设计

第 1 章　电机的本质

首先，请思考电机与其他动力装置有哪些不同。

常见的动力装置，如水车、发动机和汽轮机等都是中空结构，向其中注入水、油、天然气或蒸汽等物质，从而产生机械能。

然而，电机并非中空结构，其产生的能量来自电机中导线内部的电子运动。正如汽油质量的优劣左右发动机的特性，电机的特性取决于导线内自由电子的量和状态，以及磁路的材质等。主要材料的优劣直接决定了电机特性，这是宿命。

不仅如此，电机与其他动力装置相比，所用材料的种类繁多。一般的动力装置以金属为主要材料，但电机除了作为结构材料的金属，还使用了大量磁性材料，以及多种有机、无机固体和液体绝缘材料。

近年来，随着磁性材料特性的提升，损耗有所降低，绝缘材料的绝缘性能不断提升，容许温度也显著提高。材料革新与设计技术的进步，明显促进了电机的小型化和高效率化。但是，绝缘材料必须在变质温度以下使用的限制依然存在，这一点不同于其他动力装置，要时刻注意。

另外，电机本身的控制性能十分出色。近年来随着电力电子技术的进步，电机控制特性得到了明显改善，相比于其他动力装置优势明显。为了充分发挥这一优势，电机设计也必须根据用途仔细斟酌控制方式。

1.1　电机的尺寸和容量的关系

请大致思考下，电机的尺寸和容量之间有何种关系？

将某台电机的各部分尺寸像拉伸立体照片一样放大到 2 倍，那么容量会变为几倍？

各部分尺寸变为 2 倍，电路导线尺寸也变为 2 倍，截面积就变为 $2^2 = 4$ 倍。

常见的电机导线的电流密度约为 $3\,\mathrm{A/mm^2}$，电机尺寸变为 2 倍，意味着电流将变为 4 倍。

同理，磁路的尺寸也变为 2 倍，磁通量方向上直角磁路的截面积变为 $2^2=4$ 倍。常见的铁心的磁通密度约为 $1\,\mathrm{T}$，可以视为常量。尺寸变为 2 倍的电机中，磁通量会变为 4 倍。因此新磁通量产生的感应电动势为原先的 4 倍。

由此可知，电流和电压都变为原先的 4 倍，所以尺寸变为 2 倍的电机的容量是原先的 $4\times4=16$ 倍。例如，以 $100\,\mathrm{kW}$ 的电动机的 2 倍尺寸制造电动机，可以得到 $1600\,\mathrm{kW}$ 容量。

然而尺寸变为 2 倍的电机的体积变为 $2^3=8$ 倍，在各部分材质不变的情况下，质量也变为 8 倍。换句话说，使用 8 倍的材料可以获得 16 倍的容量，电机的容量越大，单位容量所需的材料越少，成本也就越低。

接下来，我们看一看电机尺寸变为 2 倍后效率和温升如何变化。

如前文所述，尺寸变为 2 倍后，质量就会变为 8 倍。假设电流密度和磁通密度不变，单位质量的铜损和铁损也不变，整体的铜损和铁损也会变为 8 倍。容量变为 16 倍，单位容量的损耗就会变为 8/16=1/2。因此，电机的容量越大，效率越高。

可是将损耗产生的热量散发到大气中的散热面积，即电机的表面积变为了 $2^2=4$ 倍。电机的温升和单位散热面积的损耗成正比，所以 2 倍尺寸的电机的损耗变为原先的 8 倍，而散热面积只增加到 4 倍，预计温升会达到 2 倍。

综上所述，电机的尺寸同比放大时，容量以比例的 4 次方增大，虽然提高了效率，降低了材料费用，但是有温升增大的缺点。

观察电机实物会发现，越是大容量的电机，越要考究各种冷却部件以增大散热面积，而且电机外形不一定会同比变化。

例如，千伏安级柱上变压器本体只是简单地放在箱中，但是百万伏安级变压器就需要在箱外安装散热器，更大型的变压器还会采取强制换热的油冷和风冷措施。而大型旋转电机本体上可以设计风道，设置冷却风扇，或者在风道内设置氢冷或水冷管道等，还可以在绕组内部进行油冷或水冷，方法多种多样。

要注意的是，电流密度和磁通密度也会视电机的大小和冷却装置而异。

1.2　电机的损耗

一提到损耗，人们总会想到浪费、毫无益处，希望能够根除，但是对于电机，损耗未必是毫无益处的。

例如，绝缘材料受潮后绝缘性能会降低，但损耗产生的热量恰好能起到烘干作用；旋转电机的转子会产生风损，但电机反而因此得以冷却，使绝缘材料保持在容许温度以内。安装风扇导致风损增大，但冷却风量也增大了，由此还可以增大电机容量。

电机的损耗可分为铁损、铜损和机械损耗，我们来看一看它们分别是怎样产生的。

1.2.1　铁　损

在变压器铁心、直流电机和交流电机的电枢铁心内部，磁通量的变化会产生铁损。为了尽可能降低铁损，可以采用各种 1%~3% 硅含量的薄硅钢板。针对变压器应用，有高磁通密度、低铁损的各向同性硅钢板和细化磁畴的磁畴控制材料，以及 6.5% 硅含量的低噪声、高频用的硅钢板等。随着硅钢板的特性不断提升，种类日趋丰富，人们能够很容易地根据电机设计选择特性适宜的硅钢板。

众所周知，交变磁通穿过铁心时会产生涡流损耗和磁滞损耗，前者与硅钢板厚度 d 的平方、频率 f 的平方以及磁通密度 B 的平方成正比；后者与硅钢板厚度无关，与 f 成正比，与 B 的 1.6~2 次方成正比。实际上，当铁心内的 B 高达 1T 以上时，磁滞损耗也与 B 的平方成正比。因此，每 1kg 铁心的损耗 w_f（W/kg）为

$$w_{\mathrm{f}} = B^2 \left\{ \sigma_{\mathrm{h}} \left(\frac{f}{100} \right) + \sigma_{\mathrm{e}} d^2 \left(\frac{f}{100} \right)^2 \right\} \tag{1.1}$$

式中，σ_{h} 为磁滞损耗系数；σ_{e} 为涡流损耗系数。

表 1.1 列举了各种硅钢板磁通密度 B_0 下的实际 w_0 值，以及对应的 σ_{h} 和 σ_{e} 值。

表 1.1　铁心钢板种类、损耗及其系数

名称（适用标准）	用途	厚度/mm	牌号	σ_{h}	σ_{e}	w_0/(W/kg)	B_0/(kg/dm³)
各向异性电磁钢板（JIS C 2552:2014）	旋转电机等	0.5	50A290	1.45	8.7	2.9	7.6
			50A310	1.55	9.3	3.1	7.65
			50A350	1.75	10.5	3.5	7.65
			50A400	2	12	4	7.65
			50A470	2.35	14.1	4.7	7.7
			50A600	3	18	6	7.75
各向同性电磁钢板（JIS C 2553:2012）	变压器等	0.23	23R080	0.34	4.81	0.8	7.65
		0.27	27P095	0.35	6.79	0.95	7.65
		0.3	30P105	0.4	7.18	1.05	7.65
		0.35	35G155	0.62	10.06	1.55	7.65

注：① w_0 为频率 50 Hz，最大磁通密度 1.5 T（JIS C 2552：2014）、1.7 T（JIS C 2553：2012）条件下的取值。

　② 除了表中厚度，JIS C 2552：2012 中另有 0.35 mm 和 0.65 mm 规格。

　③ 密度参照 JIS C 2552：2014 和 JIS C 2553：2012。

　④ JIS C 2553：2012 牌号中的 G 代表普通材料，P 代表高磁通密度材料，R 代表磁畴控制材料。

已知 w_0，d 和 f 不变，B_0 变为 B 时的 w_{f}（W/kg）可用下式计算：

$$w_{\mathrm{f}} = \left(\frac{B}{B_0} \right)^2 w_0 \tag{1.2}$$

然而，式（1.1）计算的铁损仅适用于钢板的交变磁通密度不变的情况（如使用铁损试验装置测量铁损），实际电机中铁心内的磁通密度并不稳定，而且不止交变磁通，还有旋转磁通，因此实际铁损高于式（1.1）的计算结果。另外，旋转电机电枢铁心齿部的磁通量分布及其时间变化非常复杂，实际铁损会达到式（1.1）计算结果的 2~3 倍，铁心结构相对简单的变压器等的实际铁损也会达到 1.05~1.3 倍。而且，磁滞损耗和涡流损耗的增大幅度不同，为了方便实际损耗计算，式（1.1）可做如下改进。

● 变压器铁心

磁滞损耗系数 σ_h 和涡流损耗系数 σ_c 分别增大到 $f_h\sigma_h = \sigma_H$，$f_e\sigma_e = \sigma_E$ （ $f_h > 1$，$f_e > 1$ ），式（1.1）可改写为

$$w_f = B^2\left[\sigma_H\left(\frac{f}{100}\right) + \sigma_E d^2\left(\frac{f}{100}\right)^2\right] \qquad (1.3)$$

式中，系数 σ_H 和 σ_E 取决于实际的变压器，参见表 1.2。

表 1.2　实际电机的磁滞损耗和涡流损耗系数

钢板牌号	旋转电机				变压器	
	轭部		齿部		σ_H	σ_E
	σ_{Hc}	σ_{Ec}	σ_{Ht}	σ_{Et}		
50A290	2.18	17.4	3.63	30.5	–	–
50A310	2.33	18.6	3.88	32.6	–	–
50A350	2.63	21	4.38	36.8	–	–
50A400	3	24	5	42	–	–
50A470	3.53	28.2	5.88	49.4	–	–
50A600	4.5	36	7.5	63	–	–
23R080	–	–	–	–	0.39	4.95
27P095	–	–	–	–	0.4	7
30P105	–	–	–	–	0.46	7.4
35G155	–	–	–	–	0.71	10.4

● 旋转电机铁心

旋转电机铁心的轭部和齿部的磁通量穿过方式大不相同，要分别考虑铁损增大的程度。轭部的铁损 w_{fc} 为

$$w_f = w_{fc} = B_c^2\left[f_{hc}\sigma_h\left(\frac{f}{100}\right) + f_{ec}\sigma_e d^2\left(\frac{f}{100}\right)^2\right]$$

$$= B_c^2\left[\sigma_{Hc}\left(\frac{f}{100}\right) + \sigma_{Ec}d^2\left(\frac{f}{100}\right)^2\right] \qquad (1.4)$$

式中，B_c 为轭部的磁通密度（T）；$f_{hc}\sigma_h = \sigma_{Hc}$，$f_{ec}\sigma_e = \sigma_{Ec}$（ $f_{hc} > 1$，$f_{ec} > 1$ ）；σ_{Hc} 和 σ_{Ec} 取决于实际的旋转电机，参见表 1.2。

齿部的铁损 w_{ft} 为

$$
\begin{aligned}
w_f = w_{ft} &= B_t^2 \left[f_{ht}\sigma_h \left(\frac{f}{100} \right) + f_{et}\sigma_e d^2 \left(\frac{f}{100} \right)^2 \right] \\
&= B_t^2 \left[\sigma_{Ht} \left(\frac{f}{100} \right) + \sigma_{Et} d^2 \left(\frac{f}{100} \right)^2 \right]
\end{aligned}
\tag{1.5}
$$

式中，B_t 为齿部的磁通密度（T）；$f_{ht}\sigma_h = \sigma_{Ht}$，$f_{et}\sigma_e = \sigma_{Et}$（$f_{ht} > 1$，$f_{et} > 1$）；$\sigma_{Ht}$ 和 σ_{Et} 取决于实际的旋转电机，参见表 1.2。

通过式（1.3）~ 式（1.5）得到单位质量的铁损 w_f，就可以根据铁心质量 G_F（kg）计算电机铁损 G_F（W）：

$$
W_F = G_F w_f
\tag{1.6}
$$

1.2.2　铜　损

电机的电路以铜为主要材料，极少使用铝或黄铜。电机绕组的电阻值在不同耐热等级温度下的换算，是计算电机特性的基础。作为绕组温度基准，耐热等级 105（a）和 120（e）对应 75 ℃，耐热等级 130（b）对应 95 ℃，耐热等级 155（F）对应 115 ℃，耐热等级 180（H）对应 135 ℃。电气专用铜材料的电阻标准参照 JIS C 3001:1981，体积电阻率 ρ 为电导率的倒数。20 ℃ 时铜的体积电阻率为

$$
\rho_{20} = 1/58 = 0.017\,24 \ （\Omega \cdot mm^2/m）
$$

温度每提高 1 ℃，体积电阻率增加 0.000\,068 Ωmm²/m。因此，绕组温度为 75 ℃ 时的体积电阻率为

$$
\rho_{75} = 0.017\,24 + (75 - 20) \times 0.000\,068 = 0.0210 \ （\Omega \cdot mm^2/m）
$$

同理，绕组温度为 95 ℃、115 ℃、135 ℃ 时的体积电阻率分别为

$$
\rho_{95} = 0.0223 \, \Omega \cdot mm^2/m
$$

$$
\rho_{115} = 0.0237 \, \Omega \cdot mm^2/m
$$

$$
\rho_{135} = 0.0251 \, \Omega \cdot mm^2/m
$$

设铜线的截面积为 q（mm^2）、长度为 l（m）、体积电阻率为 ρ，则电阻 R_{d}（Ω）为

$$R_{\mathrm{d}} = \rho \times \frac{l}{q} \tag{1.7}$$

设电流 I（A）流过铜线时的电流密度为 $\varDelta = I/q$（A/mm^2），则绕组温度为 75 ℃ 时的铜损 W_{Cd}（W）为

$$W_{\mathrm{Cd}} = I^2 R_{\mathrm{d}} = (q\varDelta)^2 \times 0.021\frac{l}{q} = 0.021\varDelta^2 ql \tag{1.8}$$

式中，$ql \times 10^3$ 为铜线的体积（mm^3）。

铜的比重约为 8.9，因此铜线的质量为 $G_{\mathrm{C}} = 8.9 \times ql \times 10^{-3}$（kg），每 1 kg 的铜损 w_{cd}（W/kg）为

$$w_{\mathrm{cd}} = \frac{W_{\mathrm{Cd}}}{G_{\mathrm{C}}} = 2.4\varDelta^2 \tag{1.9}$$

式（1.7）计算的是直流电阻。当铜线中通过交流电时会产生趋肤效应，截面电流分布不均匀，表面电阻增大，每 1 kg 的铜损以 k_{c}（$k_{\mathrm{c}} > 1$）倍增大。

$$w_{\mathrm{c}} = k_{\mathrm{c}} w_{\mathrm{cd}} = 2.4 k_{\mathrm{c}} \varDelta^2 \tag{1.10}$$

k_{c} 值取决于铜线的截面形状和电流频率等，实际电机的 $k_{\mathrm{c}} = 1 \sim 1.3$。因此，要事先预估 k_{c} 的值，选择适宜的铜线形状和尺寸，将铜损控制在合理范围内。

1.2.3 机械损耗

旋转电机的机械损耗来自转子的风损、轴承的摩擦损耗、电刷的摩擦损耗。其中，轴承损耗一般较小，这里忽略不计。

风损 W_{m}（W）可用下式近似计算：

$$W_{\mathrm{m}} = 8D \times (l_1 + 150) \times v_{\mathrm{a}}^2 \times 10^{-6} \tag{1.11}$$

式中，D 为转子的外径（mm）；l_1 为叠层铁心的外观长度（mm）；v_a 为转子表面的圆周速度（m/s）。

此外，强制通风电机在没有独立风扇的情况下风损很小，约为式（1.11）计算结果的 1/2。

直流电机的电刷在螺丝压力作用下与整流子相接触，整流子转动产生的摩擦损耗 W_b'（W）为：

$$W_b' = 9.81 \mu P S v_k \qquad (1.12)$$

式中，μ 为电刷和整流子之间的摩擦系数，约 0.2；P 为电刷的接触压力，约 $1.5 \times 10^{-3} \text{kg/mm}^2$；$S$ 为电刷的接触面积（mm^2）；v_k 为整流子的圆周速度（m/s）。

设满载电流为 I（A），电刷的电流密度为 Δ_b（A/mm^2），则 $S = 2I/\Delta_b$（mm^2）。设 $\Delta_b = 0.06 \, \text{A/mm}^2$，式（1.12）可改写为

$$W_b' \approx 9.81 \times 0.2 \times 1.5 \times 10^{-3} \times 2I/0.06 \times v_k \approx 0.05 \times 2I \times v_k$$

电刷接触电阻会产生电损耗，但是直流电机中接触电阻引起的压降约为 1 V，所以正负电刷的电损耗和 W_b''（W）为

$$W_b'' = 2 \times 1 \times I = 2I \qquad (1.13)$$

电刷的总损耗为

$$W_b = W_b' + W_b'' = 2I(1 + 0.05v_k) \qquad (1.14)$$

1.3 绝缘材料的种类和温升限值

1.3.1 绝缘材料的种类

电机的绝缘材料可按耐热等级分为 9 类，见表 1.3。要注意的是，耐热等级取决于绝缘材料的成分。

▶ 耐热等级 90（Y）：基材为木棉、纸、布等，未浸渍绝缘漆或绝缘油的绝缘材料。

表 1.3 最高容许温度和耐热等级

最高容许温度/ °C	耐热等级
90	90（Y）
105	105（A）
120	120（E）
130	130（B）
155	155（F）
180	180（H）
200	200（N）
220	220（R）
250 以上	—

注：① 详细资料请参考 JIS C 4003：2010《电机绝缘种类》；
② 250 以上的耐热等级以 25 为分级单位。

▶ 耐热等级 105（A）：基材为木棉、纸、布等，浸渍绝缘漆或绝缘油的绝缘材料。

▶ 耐热等级 120（E）：主要成分为聚酯类及部分聚乙烯醇缩甲醛漆膜的绝缘材料。

▶ 耐热等级 130（B）：云母、玻璃纤维等材料和黏合材料组成的绝缘材料。

▶ 耐热等级 155（F）：云母、玻璃纤维等材料和有机硅醇酸树脂等黏合材料组成的绝缘材料。

▶ 耐热等级 180（H）：云母、玻璃纤维等材料和有机硅树脂或性质相同的黏合材料组成的绝缘材料。单独使用胶状或固体状有硅树脂、聚亚胺漆、聚亚胺膜和聚亚胺纸的绝缘材料。

▶ 耐热等级 200（N）以上：由生云母、石棉、陶瓷等组成或加入黏合材料后组成的绝缘材料。

在表 1.3 中的温度范围内，对应级别的绝缘材料不会发生绝缘劣化，请放心使用。在电机设计阶段，必须根据需求规定绝缘类型，使容许温度范围充分满足设计要求。

1.3.2　温升限值

电机工作时会因损耗而温度上升。电机各部分的温度与环境温度的差就是各部分的温升。耐热等级不同，温升限值也不同，同一电机不同材料和部位的温升限值也不同。JEC 标准规定的温升限值参见表 1.4。

表 1.4　电机的温升限值（℃）

电机种类或部分		耐热等级	105（A）	120（E）	130（B）	155（F）	180（H）
空冷型旋转电机	交流电机的电枢绕组 直流电机的旋转电枢绕组		60	75	80	105	125
	励磁绕组	多层绕组	60	75	80	105	125
		单层绕组	65	80	90	110	135
变压器	油浸变压器绕组	自然油冷	55	–	–	–	–
		强制油冷	60	–	–	–	–
	干式变压器绕组		55	70	75	95	120

注：① 表中数据均基于电阻法的旋转电机或变压器温度测量；
　　② 详细数据请参考 JEC-2100-2008、JEC-2200-2014。

第2章 电机设计的基础

设计是一门技术，而非一个学科。设计公式正如尺子或圆规等制图工具，用来精确推进工作。想要熟练使用这种工具，与制图一样需要积累经验和技术。

设计方法本身绝非晦涩难懂的理论，关键在于巧妙地利用电机理论的基础知识。为了理解这一概念，我们以变压器为例，讲解一下简单的计算题。

2.1　两道基础计算题

众所周知，变压器的电动势（V）由下式给出：

$$E = 4.44T\phi f \tag{2.1}$$

式中，E 为电动势的有效值；T 为线圈的串联匝数；ϕ 为交变磁通的最大值（Wb）；f 为频率（Hz）。

我们试着利用式（2.1）解下面两道题。

【例题1】 按图 2.1 给出的尺寸，变压器铁心设置什么样的绕组，能制成多大容量的变压器？设一次电压 3150 V，二次电压 210 V，频率 50 Hz。

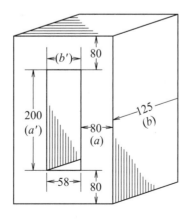

图 2.1　例题 1 中的变压器铁心（单位：mm）

【解】已知铁心的尺寸，求变压器的绕组形式和容量。这种小型标准变压器通常使用硅钢板作为卷绕铁心，我们以理论上相同的硅钢板铁心为例，尝试用式（2.1）解题。

铁心的磁路外观截面积 Q_F 为

$$Q_F = a \times b = 80 \times 125 = 10 \times 10^3 \text{（mm}^2\text{）}$$

铁心是薄钢板叠成，每片表面都有防止涡流的涂层，净叠厚是外观叠厚的 $0.9 \sim 0.95$ 倍，这就是铁心叠厚的占空系数。

这里设占空系数 f_i 为 0.9，则磁路净截面积 Q'_F 为

$$Q'_F = 0.9 \times 80 \times 125 = 9 \times 10^3 \text{（mm}^2\text{）}$$

为了避免铁损过大或明显饱和，上述尺寸的铁心可根据经验选择最大磁通密度 $B_c = 1.2\,\text{T}$，通过磁路的最大交变磁通：

$$\phi = B_c Q'_F \times 10^{-6} = 1.2 \times 9 \times 10^3 \times 10^{-6} = 10.8 \times 10^{-3} \text{（Wb）}$$

因此，利用式（2.1）可算出一次线圈的匝数 T_1：

$$T_1 = \frac{E_1}{4.44 \phi f} = \frac{3150}{4.44 \times 10.8 \times 10^{-3} \times 50} = 1314$$

二次线圈的匝数按电压比计算：

$$T_2 = T_1 \times \frac{E_2}{E_1} = 1314 \times \frac{210}{3150} = 88$$

另外，在图 2.1 中，$a' \times b'$ 被称为铁心窗口面积。窗口面积是一、二次线圈的总截面积、绝缘材料占用面积、油冷作用需求面积之和。窗口内线圈导线的截面积 Q_c 和窗口面积（$a' \times b'$）之比被称为导线占空系数（f_c），其值主要与变压器的额定电压和容量有关，详见第 7 章。本题的变压器 f_c 约为 0.3，因此窗口内导线截面积为

$$Q_c = f_c \times a' \times b' = 0.3 \times 200 \times 58 = 3480 \text{（mm}^2\text{）}$$

可以看出，一次线圈和二次线圈导线分别占 Q_c 的 1/2。设每股一次导线的截面积为 q_1（mm^2），电流密度为 Δ_1（A/mm^2），一次电流为 I_1（A），则

$$I_1 = q_1\Delta_1$$

$$\therefore \quad T_1I_1 = T_1q_1\Delta_1$$

这里可以视 $T_1q_1 = Q_c/2$，所以安匝数为

$$T_1I_1 = \frac{3480}{2} \times \Delta_1 = 1740\Delta_1 \text{（At）}$$

Δ_1 为 $2 \sim 4\,A/mm^2$，这里取 $2.4\,A/mm^2$，有

$$T_1I_1 = 1740 \times 2.4 = 4.18 \times 10^3 \text{（At）}$$

另外，变压器容量 $E_1I_1 \times 10^{-3}$（$kV \cdot A$）可表示为

$$
\begin{aligned}
E_1I_1 \times 10^{-3} &= 4.44T_1I_1\phi f \times 10^{-3} \\
&= 4.44 \times 4.18 \times 10^3 \times 10.8 \times 10^{-3} \times 50 \times 10^{-3} \\
&= 10.02 \text{（kV} \cdot \text{A）}
\end{aligned}
\tag{2.2}
$$

由此可知，使用图 2.1 所示的铁心，可以制成约 $10\,kV \cdot A$ 容量的变压器。基于此，一次电流 I_1 和二次电流 I_2 分别为

$$I_1 = \frac{10 \times 10^3}{3150} = 3.17 \text{（A）}$$

$$I_2 = \frac{10 \times 10^3}{210} = 47.6 \text{（A）}$$

假设一次导线和二次导线的电流密度为 $\Delta_1 = 2.4\,A/mm^2$，$\Delta_2 = 2.3\,A/mm^2$，则它们的横截面积 q_1 和 q_2 分别为

$$q_1 = \frac{3.17}{2.4} = 1.321 \text{（mm}^2\text{）}$$

$$q_2 = \frac{47.6}{2.3} = 20.7 \text{（mm}^2\text{）}$$

由此，若一次导线使用圆线，二次导线使用扁线，那么一次导线的直径 d_1 为

$$d_1 = \sqrt{\frac{4}{\pi} \times q_1} = \sqrt{\frac{4}{\pi} \times 1.321} \approx 1.3 \text{（mm）}$$

如果 $d_1 = 1.3\,\text{mm}$，则 $q_1 = 1.33\,\text{mm}^2$，$\Delta_1 = 2.38\,\text{A/mm}^2$；二次导线为宽 $7\,\text{mm}$、厚 $3\,\text{mm}$ 的扁线，则 $q_2 = 7 \times 3 = 21\,\text{mm}^2$，$\Delta_2 = 2.27\,\text{A/mm}^2$。

于是，窗口内导线的总截面积为

$$T_1 q_1 + T_2 q_2 = 1314 \times 1.33 + 88 \times 21 = 1748 + 1848 \approx 3600 \text{（mm}^2\text{）}$$

铜线的占空系数 f_c 为

$$f_c = \frac{T_1 q_1 + T_2 q_2}{a' \times b'} = \frac{3600}{200 \times 58} = 0.31$$

可以确定，这是适当的值。

因此，使用图 2.1 所示的铁心可制成 $10\,\text{kV·A}$ 容量的变压器：一次线圈采用截面积为 $1.33\,\text{mm}^2$ 的圆线，匝数为 1314；二次线圈采用截面积为 $21\,\text{mm}^2$ 的扁线，匝数为 88。成品可参照图 2.2（a）。

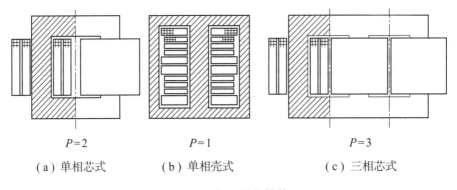

$P=2$	$P=1$	$P=3$
（a）单相芯式	（b）单相壳式	（c）三相芯式

图 2.2　变压器的结构

从上述计算过程可以看出，已知铁心尺寸，便可仅使用电动势方程 [式（2.1）] 通过简单的计算解决问题。但要注意，计算过程中代入的钢板的占空系数、铜线的占空系数、磁通密度和电流密度等数据来自技术经验。这些都是设计资料，只有做出正确选择，才能做出优秀的电机设计。

【例题 2】设计变压器：容量为 $15\,\text{kV·A}$，一次电压为 $6300\,\text{V}$，二次电压为 $210\,\text{V}$，频率为 $60\,\text{Hz}$。

【解】 与上一题相反，这一题没有给出铁心数据，反而指定容量、电压和频率，求变压器的铁心和铜线的尺寸、线圈匝数等。我们试着用电动势方程 [式（2.1）] 解题。

通过给出的容量和电压，可以求出一次电流 I_1 和二次电流 I_2：

$$I_1 = \frac{15 \times 10^3}{6300} = 2.38 \text{（A）}$$

$$I_2 = \frac{15 \times 10^3}{210} = 71.4 \text{（A）}$$

将已知的容量和频率代入式（2.2）可得：

$$15 = 4.44(T_1 I_1)\phi \times 60 \times 10^{-3}$$

$$\therefore \quad (T_1 I_1)\phi = \frac{15 \times 10^3}{4.44 \times 60} = 56.3$$

可是，没有更多条件推进下一步计算了。

上式中，$T_1 I_1$ 为电负荷，ϕ 为磁负荷，目前只能计算出两种负荷的乘积，无法得知两种负荷分别是多大。后面的章节会讲到，在电机设计中，怎样分配电负荷和磁负荷的值至关重要。可以说，电机设计的基础就是电负荷和磁负荷的分配。

现在，假设通过某种方法（后面的章节会介绍）算出了两种负荷之一，如磁负荷 ϕ 的合理值为 1.1×10^{-2}Wb，那么电负荷就是

$$T_1 I_1 = \frac{56.3}{\phi} = \frac{56.3}{1.1 \times 10^{-2}} = 5.12 \times 10^3 \text{（At）}$$

由此可得 $I_1 = 2.38$ A，所以一、二次线圈的匝数 T_1 和 T_2 分别为

$$T_1 = \frac{5.12 \times 10^3}{2.38} = 2151$$

$$T_2 = T_1 \times \frac{E_2}{E_1} = 2151 \times \frac{210}{6300} = 71.7$$

T_2 取 72 匝，那么 T_1 就可以修改为 $T_1 = 72 \times 6300/210 = 2160$ 匝。

铁心的磁通密度和占空系数分别取 $B_c = 1.2$ T、$f_i = 0.9$，则铁心的外观截面积 Q_F 为

$$Q_F = a \times b = \frac{\phi}{f_i \times B_c} = \frac{1.1 \times 10^{-2}}{0.9 \times 1.2} = 1.02 \times 10^{-2} = 10.2 \times 10^3 \text{（mm}^2\text{）}$$

式中，a 为铁心柱宽度；b 为叠厚。

根据设计资料得知 b/a 的值为 $1.5 \sim 2$，设 $a = 78\,\mathrm{mm}$、$b = 128\,\mathrm{mm}$，则 $a \times b = 9984\,\mathrm{mm}^2$，$b/a = 1.64$，$a \times b$ 和 b/a 的取值均合适。

一、二次导线的电流密度也可以根据设计资料选择 $\Delta_1 = 2.4\,\mathrm{A/mm}^2$、$\Delta_2 = 2.1\,\mathrm{A/mm}^2$，故导线截面积 q_1 和 q_2 分别为

$$q_1 = \frac{I_1}{\Delta_1} = \frac{2.38}{2.4} = 0.992 \ (\mathrm{mm}^2)$$

$$q_2 = \frac{I_2}{\Delta_2} = \frac{71.4}{2.1} = 34 \ (\mathrm{mm}^2)$$

假设一次导线使用圆线，直径为 d_1，那么：

$$d_1 = \sqrt{\frac{4}{\pi} \times q_1} = \sqrt{\frac{4}{\pi} \times 0.992} = 1.12 \ (\mathrm{mm})$$

取 $d_1 = 1.10\,\mathrm{mm}$，则 $q_1 = (\pi/4) \times 1.1^2 = 0.95\,\mathrm{mm}^2$，$\Delta_1 = 2.38/0.95 = 2.51\,\mathrm{A/mm}^2$。

假设二次导线使用扁线，宽 × 厚 $= 8 \times 4.5 = 36\,\mathrm{mm}^2$，则 $\Delta_2 = 71.4/36 = 1.98\,\mathrm{A/mm}^2$。

这时，窗口内导线的总截面积 Q_c 为

$$Q_\mathrm{c} = T_1 q_1 + T_2 q_2 = 2160 \times 0.95 + 72 \times 36 = 4644 \ (\mathrm{mm}^2)$$

一次电压比例题 1 高，所以窗口内铜线的占空系数 f_c 需减小。设 $f_\mathrm{c} = 0.28$，则窗口面积（窗口高度 $a' \times$ 窗口宽度 b'）为

$$a' \times b' = \frac{Q_\mathrm{c}}{f_\mathrm{c}} = \frac{4644}{0.28} = 16.6 \times 10^3 \ (\mathrm{mm}^2)$$

根据设计资料可知 a'/b' 的合理值在 $2.5 \sim 4$，取 $a' = 220\,\mathrm{mm}$、$b' = 75\,\mathrm{mm}$，则 $a' \times b' = 16.5 \times 10^3 \mathrm{mm}$、$a'/b' = 2.93$。如此，窗口形状就确定了。

例题 2 也可以利用式（2.1）进行主要部位的大致设计，计算过程中代入磁负荷的合理值，推进设计。为了确定铁心的形状，根据设计资料取 $b/a = 1.5 \sim 2$、$a'/b' = 2.5 \sim 4$，有了这些计算就能进行下去了。可见，解法不同于例题 1。

然而，电负荷和磁负荷的分配顺序尚待解决。

2.2 电机容量的一般表达式

2.2.1 电机的电动势

我们知道，电机绕组的电动势方程因电机种类而异。

● 变压器

$$E = \sqrt{2}\pi T\phi f = 4.44T\phi f \qquad (2.3)$$

式中，E 为每相电动势的有效值（V）；T 为每相匝数；ϕ 为最大交变磁通（Wb）；f 为频率（Hz）。

● 三相交流电机（包括感应电动机）

$$E = \frac{\pi}{2\sqrt{2}} \cdot \frac{k_d k_p}{k_\phi} P N_{\mathrm{ph}} \phi \frac{n}{60} \qquad (2.4)$$

式中，E 为每相电动势的有效值（V）；P 为极数；N_{ph} 为每相串联导体数；ϕ 为每极磁通量（Wb）；n 为转速（r/min）；k_d 为绕组分布系数；k_p 为绕组短距系数；k_ϕ 为磁通量分布系数。

k_d 取决于每极每相槽数 q，三相基波绕组的分布系数见表 2.1。

表 2.1　分布系数

每极每相槽数 q	2	3	4	5	6	7	∞
分布系数 k_d	0.966	0.96	0.958	0.957	0.956	0.956	0.955

k_p 取决于线圈节距，三相基波绕组的短距系数见表 2.2。

表 2.2　短距系数

线圈节距	17/18	14/15	11/12	8/9	13/15	5/6	12/15	7/9	6/9
短距系数 k_p	0.996	0.995	0.991	0.985	0.978	0.966	0.951	0.94	0.866

k_ϕ 取决于极弧长度和极距（也叫磁极间距、磁极距）的比值（极弧和极距的相关内容请参照图 3.6）、气隙长度、极靴形状等，在 0.96～1.02 之间。三相电机中，$(\pi/2\sqrt{2})(k_\mathrm{d}k_\mathrm{p}/k_\phi) \approx 1.05$，因此式（2.4）可写作：

$$E = 1.05PN_\mathrm{ph}\phi\frac{n}{60} \tag{2.5}$$

又因转速、频率、极数之间的关系为 $n = 120f/P$，所以式（2.5）可改写为

$$E = 2.1N_\mathrm{ph}\phi f \tag{2.6}$$

● **直流电机**

$$E = P\frac{N}{a}\phi\frac{n}{60} \tag{2.7}$$

式中，E 为电刷间产生的直流电动势（V）；P 为极数；N 为电枢总导体数；a 为电刷间并联支路数；ϕ 为每极磁通量（Wb）；n 为转速（r/min）。

直流电机的电枢线圈中产生的电动势也是交流，根据频率 $f = Pn/120$，式（2.7）可改写为

$$E = 2\frac{N}{a}\phi f \tag{2.8}$$

2.2.2　电机的容量

根据上述各式，电机容量的计算方法如下。

● **变压器**

设相数为 m，相电流为 I_ph（A），根据式（2.2），容量 S（kV·A）可用下式计算：

$$S = mEI_\mathrm{ph} \times 10^{-3} = 4.44(mTI_\mathrm{ph})\phi f \times 10^{-3} \tag{2.9}$$

● **三相交流电机**

设相电流为 I_ph（A），相数为 3，根据式（2.6），三相同步发电机的容量 S（kV·A）可用下式计算：

$$S = 3EI_\mathrm{ph} \times 10^{-3} = 2.1 \times (3N_\mathrm{ph}I_\mathrm{ph})\phi f \times 10^{-3} \tag{2.10}$$

设三相感应电动机的输出功率为 S_O（kW），效率为 η，功率因数为 $\cos\varphi$，则输入容量 S_I（kV·A）可用下式计算：

$$S_I = \frac{S_O}{\eta\cos\varphi} = 2.1 \times (3N_{ph}I_{ph})\phi f \times 10^{-3} \qquad (2.11)$$

● 直流电机

电枢线圈中的电流 I_a 是电刷电流 I 的 $1/a$，根据式（2.8），发电机的容量 S（kW）（自励式的励磁电流很小，忽略不计）可用下式计算：

$$S = EI \times 10^{-3} = 2(NI_a)\phi f \times 10^{-3} \qquad (2.12)$$

设电动机的输出功率为 S_O（kW），效率为 η，则输入功率 S_I（kW）可用下式计算：

$$S_I = \frac{S_O}{\eta} = 2(NI_a)\phi f \times 10^{-3} \qquad (2.13)$$

以上计算容量的各式中，右式有包含 (mTI_{ph})、$(3N_{ph}I_{ph})$、(NI_a) 的项和包含磁通 ϕ 的项，要注意单位的区别：前者在变压器中是铁心缠绕线圈的总安匝数，在旋转电机中是电枢周围分布的总安培导体数；后者在变压器中是最大交变磁通量，在旋转电机中是每极磁通量。

2.2.3 电机的结构

接下来，请考量一下电机的结构。

● 变压器

变压器的铁心和绕组的结构，一般有三种形式，如图 2.2 所示：（a）单相芯式，（b）单相壳式，（c）三相芯式。从截面上看，图 2.2（a）有 2 个缠绕线圈的铁心，图 2.2（b）有 1 个，图 2.2（c）有 3 个。这些缠绕线圈的铁心被称为变压器的柱。旋转电机的柱数与极数相同。若用 P 表示柱数，则单相芯式的 $P=2$，单相壳式的 $P=1$，三相芯式的 $P=3$。用 A_T 表示每柱的安匝数，则 $mTI_{ph} = PA_T$，式（2.9）可以改写为

$$S = K_0 PA_T \phi f \times 10^{-3} \qquad (2.14)$$

式中，$K_0 = 4.44$。

● **旋转电机**

图 2.3 所示为 4 极旋转电机示意图，分别展示了直流电机、同步电机、感应电机一极的截面，其他三极的结构也是如此。若用 A_C 表示每极的安培导体数，用 P 表示极数，则在同步电机和感应电机中 $3N_{ph}I_{ph} = PA_C$，在直流电机中 $NI_a = PA_C$，计算容量的式（2.10）~ 式（2.13）可改写为

$$S = K_0 P A_C \phi f \times 10^{-3} \tag{2.15}$$

式中，K_0 在同步电机和感应电机中可以取 2.1，在直流电机中可以取 2。

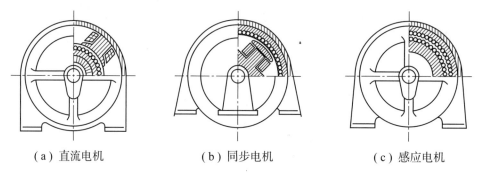

（a）直流电机　　　　　（b）同步电机　　　　　（c）感应电机

图 2.3　旋转电机每极的结构

比较可知，式（2.14）和式（2.15）的形式基本相同，若用 A 表示 A_T 和 A_C，则两式可以统一为

$$S = K_0 P A \phi f \times 10^{-3} \tag{2.16}$$

综上，在变压器中，$K_0 = 4.44$，$A = A_T$；在同步电机和感应电机中，$K_0 = 2.1$，$A = A_C$；在直流电机中，$K_0 = 2$，$A = A_C$。

2.2.4　电机的比容量和负荷

正如图 2.2 和图 2.3 所示，变压器的每柱、旋转电机的每极都是对称结构。因此，研究电机的结构时，研究一柱或者一极即可。若用 s_1 表示每柱或每极的容量，则式（2.16）可改写为

$$s_1 = \frac{S}{P} = K_0 A \phi f \times 10^{-3}$$

或

$$\frac{s_1}{f \times 10^{-2}} = K_0(A \times 10^{-3})(\phi \times 10^2) \tag{2.17}$$

其中，$s/(f \times 10^{-2})$ 被称为电机的比容量，简写为 s/f；$(A \times 10^{-3})$ 被称为电负荷，简写为 $\boldsymbol{A}$；$(\phi \times 10^2)$ 被称为磁负荷，用 $\boldsymbol{\phi}$ 表示。由此，式（2.17）可以改写为

$$\frac{s}{f} = K_0 \boldsymbol{A} \boldsymbol{\phi} \tag{2.18}$$

也就是说，电机的比容量与电负荷和磁负荷的乘积成正比。

2.3 铁机与铜机

电机设计中，只要给出结构，指定电机的容量、极数（柱数）和频率，就能够确定比容量。根据式（2.18），确定了比容量，也就确定了电负荷和磁负荷的乘积，两种负荷的比例并不重要。如图 2.4 所示，纵轴为磁负荷 ϕ，横轴为电负荷 $\boldsymbol{A}$，边 $\overline{OA} = \boldsymbol{A}$，边 $\overline{OB} = \boldsymbol{\phi}$，则 □OBPA 的面积与比容量 s/f 成正比。比容量相同的电机，该面积相同，两种负荷的关系可用经过点 P 的双曲线来表示，并且两种负荷可以按比例分配：选择双曲线 I 上的点 P_1，就比选择点 P 的电负荷更大、磁负荷更小；选择点 P_2，则磁负荷更大，电负荷更小。

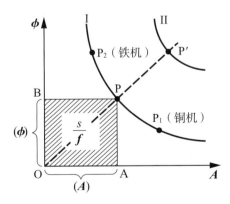

图 2.4 铁机与铜机的特性

可想而知，当一种负荷远大于另一种负荷时，在特性、结构和成本方面均不合理，应该存在一种最佳负荷比例。假设图 2.4 中的点 P 为最佳分配点，则说明 P_1 的电负荷过大，工作于该点的电机可称为铜机；P_2 的磁负荷过大，工作于该点的电机可称为铁机。

上述内容可通过图 2.5 所示的旋转电机实例加以说明。图 2.5（a）所示为铜机，线圈用铜量较大，体积小，骨架细，电机特性易受影响（电压变化大等），且铜损比铁损大得多。铜损发生在线圈内部，线圈被绝缘材料包覆而难以散热，与同级别的铁损相比温升更明显。因此，铜机容易发热。

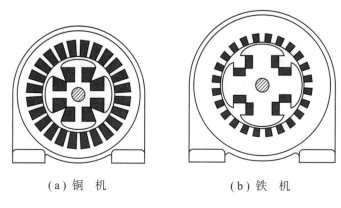

（a）铜　机　　　　　　　（b）铁　机

图 2.5　铜机与铁机

图 2.5（b）所示为铁机，铁心部分比铜部分更大，骨架更粗，体积更大，电机特性不易受影响（电压变化小等）。而且铜损比铁损小，温升较小。但应注意，铁机体积大，用料比铜机多，成本也高。

铁机和铜机各有优缺点，只要两种负荷的分配合理，就能设计出优秀的电机。正如图 2.4 中的点 P，我们要找到最佳负荷分配点。对于比容量更大的电机，如图 2.4 中的双曲线 II，设这条曲线上最佳负荷分配点为点 P′，则虚线 PP′ 上的点皆为最佳负荷分配点。

2.4 电机的完全相似性

有甲和乙两台电机,电流密度和磁通密度都相同,各部分尺寸成比例几何相似,那就说明这两台电机具有完全相似性。这与我们在 1.1 节中探讨的实例类似。

在此,我们比较一下具有完全相似性的甲、乙二机(假设乙机的尺寸比甲机大)的电负荷、磁负荷、特性和温升等。

设甲机的电负荷和磁负荷分别为 A 和 ϕ,乙机的电负荷和磁负荷分别为 A' 和 ϕ',且乙机的各部分尺寸是甲机的 n 倍($n > 1$)。

2.4.1 比负荷与特性

二机具有完全相似性时,乙机的导线截面积是甲机的 n^2 倍,基于电流密度相等的假设,乙机电负荷 A' 是甲机电负荷 A 的 n^2 倍。

又因为乙机的磁路截面积是甲机的 n^2 倍,磁通密度相同,所以乙机磁负荷 ϕ' 是甲机磁负荷 ϕ 的 n^2 倍。因此,

$$\frac{\phi'}{A'} = \frac{n^2\phi}{n^2A} = \frac{\phi}{A} = C \tag{2.19}$$

可以得出结论,具有完全相似性的两台电机的磁负荷和电负荷的比例是恒定的。

接下来,设甲机的比容量为 s/f,乙机的比容量为 s'/f,则式(2.18)可以改写为

$$\frac{s'}{f} = K_0A'\phi' = n^4K_0A\phi = n^4\frac{s}{f} \tag{2.20}$$

即乙机的比容量是甲机的 n^4 倍。

两台电机的各部分尺寸都成比例,乙机的尺寸是甲机的 n 倍,乙机的体积是甲机的 n^3 倍。假设两台电机的材质相同,则乙机质量 G' 是甲机质量 G 的 n^3 倍。假设这是一极(或一柱)的质量,两台电机的频率也相等,则单位容量的质量为

$$\frac{G'}{s'} = \frac{n^3G}{n^4s} = \frac{1}{n}\frac{G}{s} \tag{2.21}$$

因此具有完全相似性的电机，单位容量的使用材料与尺寸倍数成反比减少，这意味着大型电机的材料使用更经济。

由于两机的电流密度和磁通密度相同，所以铜损和铁损与质量成正比。设甲机每极或每柱的铜损为 W_C、铁损为 W_F，乙机每极或每柱的铜损为 W_C'、铁损为 W_F'，则有

$$W_C' = n^3 W_C, \ W_F' = n^3 W_F$$

因此，单位容量的损耗为

$$\frac{W_C' + W_F'}{s'} = \frac{n^3(W_C + W_F)}{n^4 s} = \frac{1}{n}\frac{W_C + W_F}{s} \tag{2.22}$$

可见，具有完全相似性的电机的单位容量的损耗与尺寸倍数成反比，电机的容量越大，效率越高。

2.4.2　温　升

接下来，我们考虑一下电机的温升。设电机的冷却表面积 O 产生的损耗为 W，则电机和外部空气之间的温差与单位表面积的损耗 W/O 成正比。也就是说，电机的温升 θ 为

$$\theta = \frac{W}{\kappa O} = \frac{W}{\lambda}$$

式中，κ 为单位表面积对外部空气的传热系数。

κ 视电机的冷却方式和绝缘等级而异，这里取 $\kappa = 10 \sim 35\,\mathrm{W/(m^2 \cdot K)}$。$\kappa O$ 是温差 $1\,\mathrm{K}$ 时的放热速度（W），我们用有效散热面积 λ 来表示。

为了测量电机的温升，我们先测量只有铜损时的温升 θ_C，再求出只有铁损时的温升 θ_F。那么，两种损耗同时发生时的温升 θ 为

$$\theta = \theta_C + \theta_F$$

注意，温度测量位置要保持不变。假设铜损为 W_C，铜损对应的有效散热面积为 λ_C，铁损为 W_F，铁损对应的有效散热面积为 λ_F，则

$$\theta_C = \frac{W_C}{\lambda_C}, \ \theta_F = \frac{W_F}{\lambda_F}$$

思考刚才的甲、乙二机。假设甲机的铜损和铁损分别是 W_C 和 W_F，对应的有效散热面积分别是 λ_C 和 λ_F；乙机的铜损和铁损分别是 W'_C 和 W'_F，对应的有效散热面积分别是 λ'_C 和 λ'_F。基于此，两台电机的温升 θ 和 θ' 如下。

只有铜损时，

甲机　　$\theta_C = \dfrac{W_C}{\lambda_C}$

乙机　　$\theta'_C = \dfrac{W'_C}{\lambda'_C} = \dfrac{\lambda_C}{\lambda'_C} \times \dfrac{n^3 W_C}{\lambda_C} = \dfrac{\lambda_C}{\lambda'_C} n^3 \theta_C$　　　　　　（2.23）

只有铁损时，

甲机　　$\theta_F = \dfrac{W_F}{\lambda_F}$

乙机　　$\theta'_F = \dfrac{W'_F}{\lambda'_F} = \dfrac{\lambda_F}{\lambda'_F} \times \dfrac{n^3 W_F}{\lambda_F} = \dfrac{\lambda_F}{\lambda'_F} n^3 \theta_F$　　　　　　（2.24）

两种损耗同时存在时，

甲机　　$\theta = \theta_C + \theta_F$

乙机　　$\theta' = \theta'_C + \theta'_F$

乙机的温升可以略高于甲机，但是不能超过 JEC 标准规定的温升，因此必须满足：

　　　JEC 限值 $\gtrsim (\theta'_C + \theta'_F) \gtrsim (\theta_C + \theta_F)$

而且 $\theta'_C \gtrsim \theta_C$、$\theta'_F \gtrsim \theta_F$ 是最理想的。这里，符号"$\gtrsim$"表示略大于，符号"$\lesssim$"表示略小于。

因此，由式（2.23）和式（2.24）可以得到

　　　$\lambda'_C \lesssim n^3 \lambda_C,\ \lambda'_F \lesssim n^3 \lambda_F$

设甲机的铜损冷却表面积为 O_C，铁损冷却表面积为 O_F，乙机相对应的分别为 O'_C 和 O'_F，则表面积与尺寸倍数的平方成正比：

　　　$O'_C = n^2 O_C,\ O'_F = n^2 O_F$

因此：

$$\frac{\lambda'_C}{O'_C} \lesssim n\frac{\lambda_C}{O_C}, \quad \frac{\lambda'_F}{O'_F} \lesssim n\frac{\lambda_F}{O_F} \tag{2.25}$$

根据式（2.25），具有完全相似性的电机的传热系数 $\kappa = \lambda/O$ 要根据尺寸倍数成比例地增加。

为了增大传热系数，对于旋转电机，铁心直接与外部空气接触，可以设置风道或者安装冷却风扇等，充分增加有效散热面积。但是，线圈被包覆在导热极差的绝缘材料中，且处于铁心槽内深处，无法像铁心一样增加有效散热面积。因此，根据完全相似性设计旋转电机时，从温升角度可以预想到容量受限，电机过大会导致温升超过 JEC 规定值。

对于变压器，由于铁心和线圈浸泡在绝缘油中，损耗产生的热量会首先传导给油，再通过对流散发到外部空气中。根据变压器容量，可以在油箱外设置适当的冷却装置，如采用波形铁板材质的油箱、在箱外安装散热器、进行强油风冷等，充分增加线圈和铁心的有效散热面积。因此，变压器可以保持电负荷和磁负荷的比不变，大型变压器的容量也可以按照完全相似性进行设计。

2.4.3　电比负荷和温升的关系

如前文所述，如果按照完全相似性设计旋转电机，大容量电机的线圈温度会显著上升。关于这一点，我们从另一个角度来考察。

图 2.6 所示为旋转电机一极的结构，电负荷 $\boldsymbol{A}_C$ 分布在极距 τ 内，我们将电枢周边 1 mm 附近的电负荷称为电比负荷：

$$电比负荷\ a_c = \frac{\boldsymbol{A}_C}{\tau} \tag{2.26}$$

先前比较过甲、乙两台电机，乙机极距 τ' 是甲机极距 τ 的 n 倍：

$$\tau' = n\tau$$

设甲、乙两台电机的电比负荷分别为 a_c 和 a'_c，则

$$甲机 \qquad a_c = \frac{\boldsymbol{A}_C}{\tau}$$

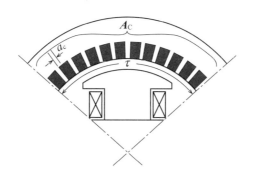

图 2.6　旋转电机的电比负荷

$$乙机\qquad a_c' = \frac{\boldsymbol{A}_C'}{\tau'} = \frac{n^2 \boldsymbol{A}_C}{n\tau} = na_c \qquad (2.27)$$

也就是说，具有完全相似性的电机，电比负荷与尺寸倍数成正比。这意味着，乙机与甲机相比，电枢周边分布的铜损更大，是铜损大于铁损的铜机。而且铜损集中在槽内，由于冷却不充分，使得温升变大。

2.5　电机的不完全相似性

如上节所述，设计具有完全相似性的电机时，大容量电机的电比负荷会按尺寸倍数成比例地增加，成为铜机，有温升过大的缺点。下面，我们思考甲和乙两台电机虽然外形相似，但电比负荷不变的情况。

甲、乙两台电机不仅电流密度和磁通密度相同，电比负荷也相同，且各部分尺寸几何相似，但线圈尺寸不相似时，我们说这两台电机不完全相似。

思考具有不完全相似性的旋转电机。有甲、乙两台电机，若乙机极距 τ' 是甲机极距 τ 的 n 倍，两台电机的电比负荷都是 a_c，则有

$$\boldsymbol{A}_C' = \tau' a_c = n\tau a_c = n\boldsymbol{A}_C \qquad (2.28)$$

乙机的电负荷是甲机的 n 倍。

再来看变压器，如图 2.7 所示，电负荷 $\boldsymbol{A}_T$ 分布在线圈高度 h 内，每 $1\,\mathrm{mm}$

高度的电负荷，即变压器的电比负荷 a_t 为

$$a_t = \frac{A_T}{h}$$

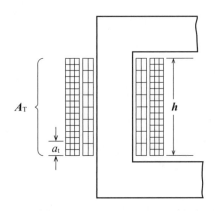

图 2.7　变压器的电比负荷

对于不完全相似的甲、乙两台变压器，若乙机线圈高度 h' 是甲机线圈高度 h 的 n 倍，二者的电比负荷同为 a_t，则有

$$A'_T = h'a_t = nha_t = nA_T \qquad (2.29)$$

乙机的电负荷 A'_T 是甲机的 n 倍，与旋转电机的情况一样。

因此，式（2.28）与式（2.29）可以统一为

$$A' = nA$$

综上所述，一般情况下，对于不完全相似的甲、乙两台电机，乙机电负荷 A' 是甲机电负荷 A 的 n 倍。

2.5.1　比负荷与特性

在不完全相似的情况下，默认两台电机的铁心结构几何相似，所以乙机的磁路截面积是甲机的 n^2 倍。不过，由于磁通密度不变，磁负荷与尺寸倍数的平方成正比，这一点与完全相似的情况一致。

$$\phi' = n^2\phi$$

因此

$$\frac{\phi'}{A'^2} = \frac{n^2\phi}{(nA)^2} = \frac{\phi}{A^2} = C \tag{2.30}$$

在不完全相似的情况下，磁负荷和电负荷平方的比固定不变。

下面，我们比较两台电机的比容量。设甲、乙两台电机的每极或每柱单位容量分别是 s 和 s'，则有：

$$\frac{s'}{f} = K_0 A' \phi' = K_0 nA n^2 \phi = n^3 \frac{s}{f} \tag{2.31}$$

因此，乙机的比容量是甲机的 n^3 倍。

此外，对于不完全相似的两台电机，若乙机的线圈长度和铜线截面积都是甲电机的 n 倍，乙机铜线质量 G_C' 是甲机铜线质量 G_C 的 n^2 倍，则有

$$G_C' = n^2 G_C$$

又由于乙机的铁心和甲机的铁心几何相似，故与完全相似的情况一样，乙机的铁心质量是甲机的 n^3 倍，即

$$G_F' = n^3 G_F$$

因此，每极或每柱单位容量的电机质量为

$$\frac{G_C' + G_F'}{s'} = \frac{n^2 G_C + n^3 G_F}{n^3 s} = \frac{1}{n}\frac{G_C}{s} + \frac{G_F}{s} \tag{2.32}$$

对于不完全相似的电机，单位容量的铜质量与尺寸倍数 n 成反比，而单位容量的铁质量不变。也就是说，在不完全相似的情况下，大型电机的单位容量用铜量有所减小，成本更低，但用铁量不变。

由于两台电机的电流密度和磁通密度相同，所以铜损和铁损分别与用铜量和用铁量成正比，即：

$$W_C' = n^2 W_C, \quad W_F' = n^3 W_F$$

因此，每极或每柱单位容量的损耗为

$$\frac{W_C' + W_F'}{s'} = \frac{n^2 W_C + n^3 W_F}{n^3 s} = \frac{1}{n}\frac{W_C}{s} + \frac{W_F}{s} \tag{2.33}$$

对于不完全相似的电机，单位容量的铜损与尺寸倍数 n 成反比，而铁损不变。所以，即使电机容量变大，越是完全相似，效率越低。

2.5.2　温　升

下面来看温升。只有铜损时的温升：

$$\text{甲机}\qquad \theta_{\mathrm{C}} = \frac{W_{\mathrm{C}}}{\lambda_{\mathrm{C}}}$$

$$\text{乙机}\qquad \theta_{\mathrm{C}}' = \frac{W_{\mathrm{C}}'}{\lambda_{\mathrm{C}}'} = \frac{\lambda_{\mathrm{C}}}{\lambda_{\mathrm{C}}'}\frac{n^2 W_{\mathrm{C}}}{\lambda_{\mathrm{C}}} = \frac{\lambda_{\mathrm{C}}}{\lambda_{\mathrm{C}}'}n^2\theta_{\mathrm{C}} \qquad (2.34)$$

只有铁损时的温升：

$$\text{甲机}\qquad \theta_{\mathrm{F}} = \frac{W_{\mathrm{F}}}{\lambda_{\mathrm{F}}}$$

$$\text{乙机}\qquad \theta_{\mathrm{F}}' = \frac{W_{\mathrm{F}}'}{\lambda_{\mathrm{F}}'} = \frac{\lambda_{\mathrm{F}}}{\lambda_{\mathrm{F}}'}\frac{n^3 W_{\mathrm{F}}}{\lambda_{\mathrm{F}}} = \frac{\lambda_{\mathrm{F}}}{\lambda_{\mathrm{F}}'}n^3\theta_{\mathrm{F}} \qquad (2.35)$$

两种损耗同时存在时的温升：

$$\text{甲机}\qquad \theta = \theta_{\mathrm{C}} + \theta_{\mathrm{F}}$$

$$\text{乙机}\qquad \theta' = \theta_{\mathrm{C}}' + \theta_{\mathrm{F}}'$$

同时，必须满足：

$$\text{JEC 标准限值} \gtrsim (\theta_{\mathrm{C}}' + \theta_{\mathrm{F}}') \gtrsim (\theta_{\mathrm{C}} + \theta_{\mathrm{F}})$$

$\theta_{\mathrm{C}}' \gtrsim \theta_{\mathrm{C}}, \theta_{\mathrm{F}}' \gtrsim \theta_{\mathrm{F}}$ 是最理想的。因此，式（2.34）和式（2.35）可以改写为

$$\lambda_{\mathrm{C}}' \lesssim n^2\lambda_{\mathrm{C}}, \quad \lambda_{\mathrm{F}}' \lesssim n^3\lambda_{\mathrm{F}}$$

由于有效冷却表面积与尺寸的平方成正比，所以

$$O_{\mathrm{C}}' \approx n^2 O_{\mathrm{C}}, \quad O_{\mathrm{F}}' = n^2 O_{\mathrm{F}}$$

因此，

$$\frac{\lambda_{\mathrm{C}}'}{O_{\mathrm{C}}'} \lesssim \frac{\lambda_{\mathrm{C}}}{O_{\mathrm{C}}}, \quad \frac{\lambda_{\mathrm{F}}'}{O_{\mathrm{F}}'} \lesssim n\frac{\lambda_{\mathrm{F}}}{O_{\mathrm{F}}} \qquad (2.36)$$

根据式（2.36），对于不完全相似性的电机，线圈部分的传热系数 $k_C = \lambda_C/O_C$ 与尺寸倍数无关，基本相同即可；而铁心部分的传热系数 $k_F = \lambda_F/O_F$ 需要与尺寸倍数成比例增大。

综上所述，在不完全相似性的情况下，尺寸越大，电机特性越趋向铁机，线圈温升不变，减少了麻烦，但铁心的温升与尺寸倍数成比例增大；旋转电机的铁心直接接触外部空气，可以采取适当的冷却手段防止温升过大；而变压器中的线圈太容易产生温升，对材料成本构成挑战。

2.6 微增率法理论

比较上述完全相似性和不完全相似性可知，完全相似适用于变压器，而对于旋转电机，尺寸越大，特性越趋向铜机，温升过大，比较棘手。不完全相似不会使旋转电机的线圈温升过大，对变压器来说则容易引起温升，导致材料浪费。两种相似性的比较见表 2.3。

表 2.3　两种相似性的比较

相似性种类 \\ 项目	完全相似（B、Δ 不变）	不完全相似（B、Δ 和 a_c 或 a_t 不变）
比负荷	$\dfrac{\phi'}{A'} = \dfrac{\phi}{A} = C$（不变） $\therefore \dfrac{\phi'-\phi}{A'-A} = \dfrac{\phi}{A}$	$\dfrac{\phi'}{A'^2} = \dfrac{\phi}{A^2} = C$（不变） $\therefore \dfrac{\phi'-\phi}{A'^2-A^2} = \dfrac{\phi}{A^2}$
A 增大 $A_\delta = A'-A$ ϕ 增大 $\phi_\delta = \phi'-\phi$	$\dfrac{\phi_\delta}{A_\delta} = \dfrac{\phi}{A}$	$\dfrac{\phi'-\phi}{A'^2-A^2} = \dfrac{\phi'-\phi}{(A'+A)(A'-A)}$ $\therefore \dfrac{\phi_\delta}{2AA_\delta} = \dfrac{\phi}{A^2}$
比容量的微增率	$\dfrac{K_0 A\phi_\delta}{K_0\phi A_\delta} = 1$ 　（2.37）	$\dfrac{K_0 A\phi_\delta}{K_0\phi A_\delta} = 2$ 　（2.38）
电机特性	铜机	铁机

在完全相似的情况下，比容量的微增率为 1，特性趋向铜机；在不完全相似的情况下，比容量的微增率为 2，特性趋向铁机。根据式（2.37）和式（2.38），比

容量的微增率在 1 和 2 之间时既不是铜机也不是铁机，属于合理设计。设微增率为 γ，则有

$$\frac{K_0 \boldsymbol{A} \boldsymbol{\phi}_\delta}{K_0 \boldsymbol{\phi} \boldsymbol{A}_\delta} = \gamma \qquad (1 < \gamma < 2) \tag{2.39}$$

式中，γ 被称为负荷分配常数。

根据式（2.18），比容量可以表示为 $s/f = K_0 \boldsymbol{A} \boldsymbol{\phi}$。如图 2.8 所示，横轴表示电负荷，纵轴表示磁负荷，指定 $\overline{OA} = \boldsymbol{A}$、$\overline{OB} = \boldsymbol{\phi}$ 时，面积 $\square OBPA$ 与比容量 $K_0 \boldsymbol{A} \boldsymbol{\phi}$ 成正比。

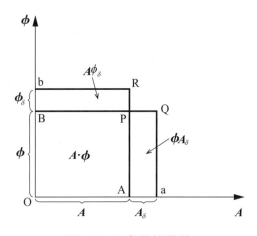

图 2.8　比容量的微增

想要增大比容量，就要增大 $\boldsymbol{A}$ 和 $\boldsymbol{\phi}$。若将 $\boldsymbol{A}$ 增大 $\boldsymbol{A}_\delta = \overline{Aa}$，则比容量微增 $K_0 \boldsymbol{\phi} \boldsymbol{A}_\delta = \square APQa$；$\boldsymbol{\phi}$ 增大 $\boldsymbol{\phi}_\delta = \overline{Bb}$，则比容量的微增为 $K_0 \boldsymbol{A} \boldsymbol{\phi}_\delta = \square BbRP$。将这两个微增相比，有

$$\frac{K_0 \boldsymbol{A} \boldsymbol{\phi}_\delta}{K_0 \boldsymbol{\phi} \boldsymbol{A}_\delta} = \gamma \qquad （常数）$$

且 γ 应在 1 和 2 之间。

这种负荷分配方法就是所谓的"微增率法"[①]。

由式（2.39）可以得到：

$$\frac{\boldsymbol{A} \boldsymbol{\phi}_\delta}{\boldsymbol{\phi} \boldsymbol{A}_\delta} = \gamma \quad 或 \quad \frac{\boldsymbol{\phi}_\delta}{\boldsymbol{\phi}} = \gamma \frac{\boldsymbol{A}_\delta}{\boldsymbol{A}}$$

[①] 微增率法是竹内寿太郎博士首创的电机设计法基础学说，作为负荷分配的设计法被世人广泛使用。

积分可得:

$$\log \boldsymbol{\phi} = \gamma \log \boldsymbol{A} + \log C \quad 或 \quad \boldsymbol{\phi} = C \boldsymbol{A}^{\gamma} \qquad (2.40)$$

式中, C 为积分常数; $\gamma = 1$ 时符合完全相似性, $\gamma = 2$ 时符合不完全相似性。

2.7 微增率法的实践

上一节从电机的相似性出发,假设电流密度、磁通密度和电比负荷不变,电机各部分几何相似。然而,实际电机不可能与假设一致,应选择密度和比负荷等最经济、特性最佳的电机。而且电机的形状也未必相似,大多是按照类似形状制造的。

假设实际电机是按照微增率法制造的,电负荷和磁负荷的关系符合式(2.40) $\boldsymbol{\phi} = C \boldsymbol{A}^{\gamma}$, 则比容量为

$$\frac{s}{f} = K_0 \boldsymbol{A} \boldsymbol{\phi} = K_0 \boldsymbol{A} C \boldsymbol{A}^{\gamma} = K_0 C \boldsymbol{A}^{1+\gamma}$$

因此, 电负荷和比容量的关系为

$$\boldsymbol{A} = \frac{1}{(K_0 C)^{1/(1+\gamma)}} \times \left(\frac{s}{f}\right)^{1/(1+\gamma)} \qquad (2.41)$$

将 $\boldsymbol{A}$ 代入式(2.40), 可以求出磁负荷和比容量的关系:

$$\boldsymbol{\phi} = C \frac{1}{(K_0 C)^{\gamma/(1+\gamma)}} \left(\frac{s}{f}\right)^{\gamma/(1+\gamma)} = \frac{C^{1/(1+\gamma)}}{K_0^{\gamma/(1+\gamma)}} \times \left(\frac{s}{f}\right)^{\gamma/(1+\gamma)} \qquad (2.42)$$

当

$$\boldsymbol{A}_0 = \frac{1}{(K_0 C)^{1/(1+\gamma)}}, \ \boldsymbol{\phi}_0 = \frac{C^{1/(1+\gamma)}}{K_0^{\gamma/(1+\gamma)}}$$

时, 式(2.41)和式(2.42)可改写为

$$\boldsymbol{A} = \boldsymbol{A}_0 \left(\frac{s}{f}\right)^{1/(1+\gamma)} \qquad (2.41')$$

$$\boldsymbol{\phi} = \boldsymbol{\phi}_0 \left(\frac{s}{f}\right)^{\gamma/(1+\gamma)} \qquad (2.42')$$

式中，A_0 和 ϕ_0 分别为基准电负荷和基准磁负荷，是 $s/f = 1$ 时的负荷。基准负荷因电机种类而异，是负荷分配中十分重要的基础数据。

根据式（2.41）和式（2.42），已知比容量就可以求出电负荷和磁负荷。它们之间究竟有什么关系，根据现有电机进行统计调查，总结为图 2.9 ~ 图 2.12。各图中的数据均来自电机相关的著作。

注意，各图中为了对包括变压器在内的电负荷进行比较，旋转电机也用安匝数，而未用安培导体数表示电负荷。

2.7.1　同步电机的负荷统计

图 2.9（a）和（b）所示分别为根据现有电机总结的同步电机的比容量和电负荷、磁负荷的关系，基本上呈线性。其中，电负荷可表示为

$$A = 0.64 \left(\frac{s}{f} \right)^{0.37} \tag{2.43}$$

磁负荷可表示为

$$\phi = 0.39 \left(\frac{s}{f} \right)^{0.63} \tag{2.44}$$

根据式（2.43）和式（2.44），有统计数据：

$$A_0 = 0.64, \ \phi_0 = 0.39$$

式中，A_0 的单位使用安匝数，因此 $K_0 \approx 4.2$ [参照式（2.10）]，满足 $K_0 A_0 \phi_0 = s/f = 1$。

负荷分配常数是式（2.44）和式（2.43）的指数比，根据式（2.40）$C = \phi_0/A_0^{\gamma}$，有

$$\gamma = \frac{0.63}{0.37} = 1.7, \ C = \frac{0.39}{0.64^{1.7}} = 0.83$$

所以，下式成立：

$$\phi = 0.83 A^{1.7} \tag{2.45}$$

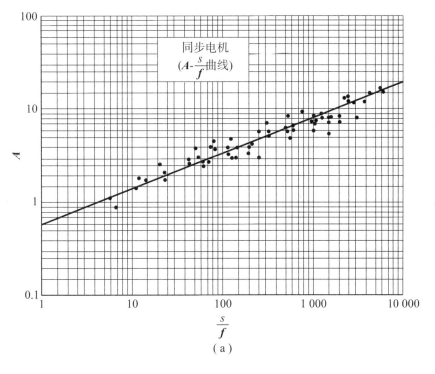

$$\frac{s}{f}$$

（a）

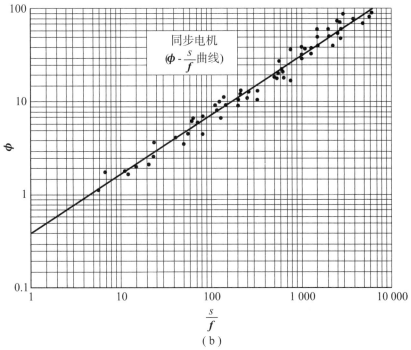

$$\frac{s}{f}$$

（b）

图 2.9 同步电机的负荷统计

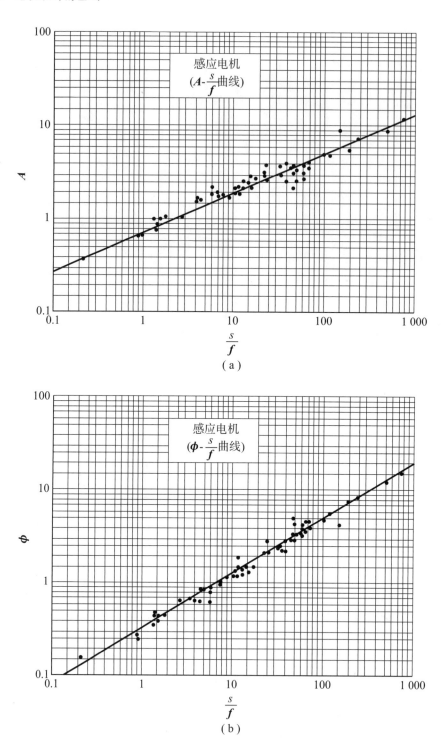

图 2.10　感应电机的负荷统计

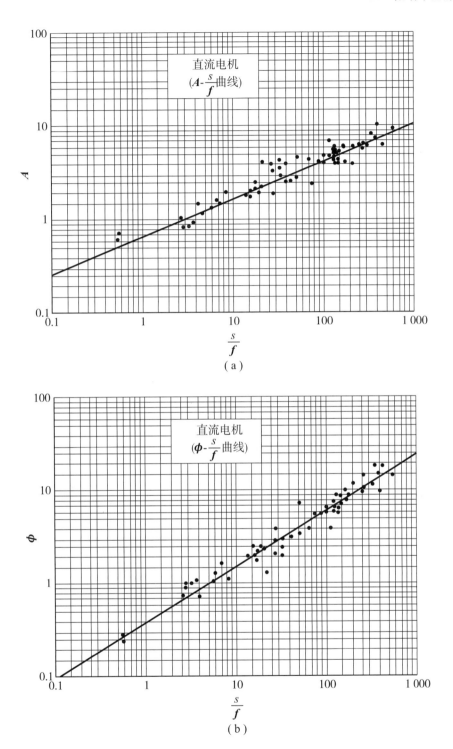

图 2.11 直流电机的负荷统计

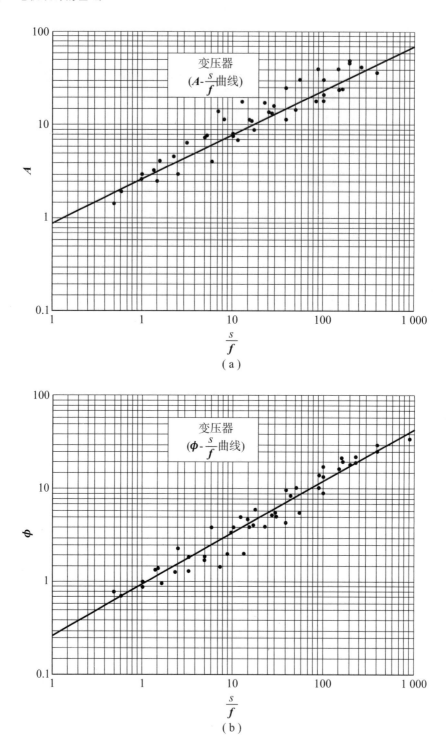

图 2.12 变压器的负荷统计

2.7.2　感应电机的负荷统计

图 2.10（a）和（b）所示分别为根据现有电机统计的感应电机的比容量和电负荷、磁负荷的关系。其中，电负荷可表示为

$$\boldsymbol{A} = 0.75 \left(\frac{s}{f} \right)^{0.415} \tag{2.46}$$

磁负荷可表示为

$$\boldsymbol{\phi} = 0.335 \left(\frac{s}{f} \right)^{0.585} \tag{2.47}$$

由式（2.46）和式（2.47）可知，$s/f = 1$ 时的基准负荷为

$$\boldsymbol{A}_0 = 0.75,\ \boldsymbol{\phi}_0 = 0.335$$

负荷分配常数 γ 和积分常数 C 如下：

$$\gamma = \frac{0.585}{0.415} = 1.4,\ C = \frac{0.335}{0.75^{1.4}} = 0.501$$

因此，下式成立：

$$\boldsymbol{\phi} = 0.501 \boldsymbol{A}^{1.4} \tag{2.48}$$

2.7.3　直流电机的负荷统计

图 2.11（a）和（b）所示分别为统计得出的直流电机的比容量和电负荷、磁负荷的关系。其中，电负荷可表示为

$$\boldsymbol{A} = 0.662 \left(\frac{s}{f} \right)^{0.4} \tag{2.49}$$

磁负荷可表示为

$$\boldsymbol{\phi} = 0.375 \left(\frac{s}{f} \right)^{0.6} \tag{2.50}$$

根据上述两式，$s/f = 1$ 时的基准负荷为

$$\boldsymbol{A}_0 = 0.662,\ \boldsymbol{\phi}_0 = 0.375$$

负荷分配常数 γ 和积分常数 C 如下：

$$\gamma = \frac{0.6}{0.4} = 1.5,\ C = \frac{0.375}{0.662^{1.5}} = 0.696$$

因此，下式成立：

$$\phi = 0.696A^{1.5} \tag{2.51}$$

2.7.4　变压器的负荷统计

图 2.12（a）和（b）所示分别为统计得出的变压器的比容量和电负荷、磁负荷的关系。其中，电负荷可以表示为

$$A = 0.88\left(\frac{s}{f}\right)^{0.475} \tag{2.52}$$

磁负荷可以表示为

$$\phi = 0.28\left(\frac{s}{f}\right)^{0.525} \tag{2.53}$$

基准负荷为

$$A_0 = 0.88,\ \phi_0 = 0.28$$

负荷分配常数 γ 和积分常数 C 如下：

$$\gamma = \frac{0.525}{0.475} = 1.1,\ C = \frac{0.28}{0.88^{1.1}} = 0.322$$

因此，下式成立：

$$\phi = 0.322A^{1.1} \tag{2.54}$$

2.7.5　负荷统计结果归纳

上述各种电机的负荷统计结果可归纳为表 2.4。

表 2.4　各种电机的负荷分配常数和基准负载

电机类型 ＼ 常数	C	γ	$\dfrac{1}{1+\gamma}$	$\dfrac{\gamma}{1+\gamma}$	A_0	ϕ_0
同步电机	0.83	1.7	0.37	0.63	0.64	0.39
感应电机	0.501	1.4	0.415	0.585	0.75	0.335
直流电机	0.696	1.5	0.4	0.6	0.662	0.375
变压器	0.322	1.1	0.475	0.525	0.88	0.28

2.8 负荷计算法及近年电机的基准负荷与负荷分配常数

设计电机时，首先要进行负荷分配。只要知道电负荷和磁负荷中的一个，就可以通过式（2.18）求出另一个。这里假设要计算磁负荷。

式（2.42′）可以写成

$$\phi = \phi_0 \left(\frac{s}{f}\right)^{\gamma/(1+\gamma)} = \phi_0 \times \left(\frac{s}{f \times 10^{-2}}\right)^{\gamma/(1+\gamma)} \tag{2.55}$$

式（2.55）又可以进一步变形为

$$\chi = \frac{\phi}{\phi_0} = \frac{\phi \times 10^2}{\phi_0 \times 10^2} = \frac{\phi}{\phi_0} = \left(\frac{s}{f \times 10^{-2}}\right)^{\gamma/(1+\gamma)} \tag{2.56}$$

因此，在电机设计要求给出 s 和 f 的情况下，可以通过式（2.56）计算 χ 的值，选择设计资料中的 ϕ_0 值便可以简单地计算出磁负荷：

$$\phi = \chi \phi_0 \tag{2.57}$$

有了磁负荷，就可以按照 2.1 节例题 2 的解法算出电负荷，进一步设计铁心和绕组。图 2.13 所示为式（2.56）中的 $s/(f \times 10^{-2})$ 和 χ 的关系。

随着材料的进步，电机的基准负荷和负荷分配常数也有所变化。表 2.4 是过去的统计数据，表 2.5 是最近的数据。实际设计应使用表 2.5 中的数据。

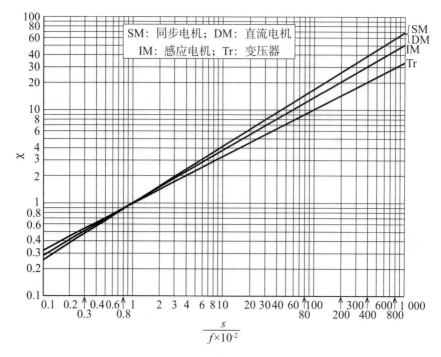

图 2.13　χ 值曲线

表 2.5　近年来的设计基础常数

电机类型 \ 常数		负荷分配常数 γ	基准磁负荷 ϕ_0
旋转电机	同步电机	1.5	$(2.5 \sim 4) \times 10^{-3}$
	感应电机	1.3	
	直流电机	1.5	
变压器		1	

值得注意的是，表 2.5 中的 γ 值比表 2.4 中更接近 1，这种变化体现了设计技术提升和材料改良带来的进步。

看来，电机设计理论是相通的，所有电机都应按照同一理念进行设计，特殊电机如变压器和感应电机的设计，只不过是电机设计理论的一种应用问题。

基于本章的介绍的微增率法，接下来的各章将讲解各种电机的实际设计方法。

第3章 三相同步发电机的设计

如上一章所述，电机设计的基础是电负荷和磁负荷的分配，其分配方法适用于所有类型的电机。而且，各种电机的设计应根据电机的主要特性按照分配的电负荷和磁负荷确定主要尺寸，设计步骤都是相通的。请注意，本章讲解的三相同步发电机的设计步骤大部分与后续章节讲解的其他电机的设计类似。

3.1 三相同步电机的绕组形式

设计电机之前要对电机的绕组有一个大概的认识，这里简要介绍一下三相同步发电机的绕组形式。单相同步发电机的电枢绕组大致可分为单层绕组和双层绕组。单层绕组如图 3.1（a）所示，每槽嵌入一个线圈有效边。双层绕组如图 3.1（b）所示，每槽嵌入两个线圈有效边。单层绕组由多种形状尺寸的线圈构成，制造工序复杂，近年来几乎不用了。下面仅就双层绕组进行说明。

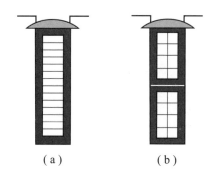

（a）   （b）

图 3.1 单层绕组和双层绕组的槽截面

3.1.1 双层绕组

这种绕组中所有线圈的匝数和尺寸相同，绕制简单，支持短节距，与单层绕组相比优势明显。因此，从同步发电机到感应电动机大都使用这种绕组。图 3.2 所示为 4 极 36 槽电枢绕组，●、○、● 分别表示嵌入槽内的 U 相、V 相、W 相线圈的有效边，内外侧连线表示铁心两侧的线圈端部（内侧为非接线端部，外侧为接线端部）。图 3.3 是一个线圈的立体展示图，各个线圈在一侧的线圈端部（图 3.2 外侧的接线端部）接线：U、V、W 为引出线端子，X、Y、Z 短接成中性点，形成星形（丫）接法三相绕组。本例为线圈节距比极距少一槽的短距绕组，单看一个线圈，如果一条线圈边嵌在第 1 槽的上层，则另一条线圈边嵌在第 9 槽的下层。另外，线圈节距和极距相等的绕组被称为整距绕组。

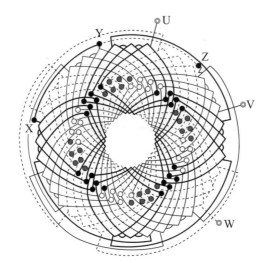

图 3.2 　 三相电枢绕组图例（双层绕组，整数槽）：4 极，36 槽，$q = 3$

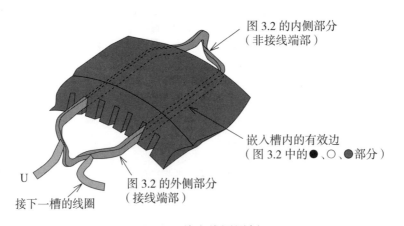

图 3.3 　 单个线圈图例

图 3.2 所示绕组的每极每相槽数 $q = 3$，为整数。但是，在同步发电机中，为了尽可能减少电动势中的谐波，使其波形更接近正弦波，实际上经常采用的是 q 为非整数的绕组。

图 3.4 所示为 4 极 30 槽的情况，每极每相槽数 $q = 30/(4 \times 3) = 2.5$。可以看出，各相线圈数为 3 和 2 交替出现，总体上各相电压平衡，可以获得对称三相电动势。像这种 q 不是整数的绕组被称为分数槽绕组。相对的，图 3.2 所示的 q 为整数的绕组被称为整数槽绕组。

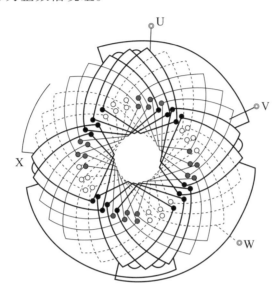

图 3.4　三相电枢绕组示例（双层绕组，分数槽）：4 极，30 槽，$q = 2.5$

q 值在 2 以上的绕组被称为分布式绕组，较为常见。$q = 1$ 的绕组被称为集中式绕组。采用分布式绕组和短距绕组可以改善电动势波形，但与集中式绕组和整距绕组相比，其中一相的电动势值略有下降。下降程度用分布系数 k_d 和短距系数 k_p 表示，两者的乘积被称为绕组系数（k_w）：

$$k_w = k_d k_p \tag{3.1}$$

分布系数 k_d 取决于 q 值，见表 2.1。对于分数槽绕组，$q = a + c/b$（c/b 为既约分数），分布系数 k_d 与

$$q = ab + c \tag{3.2}$$

的整数槽绕组相同；短距系数 k_p 视短距情况而异，其代表性数据见表 2.2。一般情下，若 $\beta =$ 线圈节距/极距，则有

$$k_p = \sin \frac{\beta \pi}{2} \tag{3.3}$$

3.1.2　并联法

对于大型同步电机，电流越大，所需导线截面积越大。对此，可以多线并绕，也可以采取极间并联。在这种情况下，双层绕组的极数除以并联支路数的商必须为整数，最大并联支路数与极数相同。

极间并联有两种接线方法。图 3.5 所示为四极电机中有两条并联支路的 U 相。图 3.5（a）中，A 和 B、D 和 C 邻极线圈组先串联，再两路并联为 UX 绕组，这被称为邻极连接。图 3.5（b）中，A 和 C、D 和 B 隔极线圈组先串联，再两路并联为 UX 绕组，这被称为隔极连接。

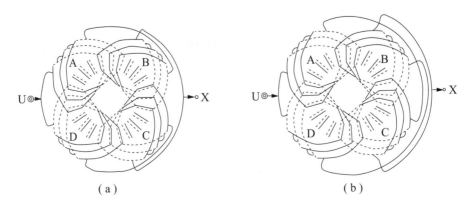

（a）　　　　　　　　　　　　　　（b）

图 3.5　极间并联

隔极连接的每一串联支路的导线均匀分布在电枢的四周，即使磁路不均衡，各绕组的电动势也是均匀的。

3.1.3　绝　缘

对于两匝以上的线圈，导体之间存在匝间电压。为此，各导体之间必须绝缘，以承受匝电压。这被称为层间绝缘。

此外，线圈与其嵌入的铁心之间也会存在与端电压相等的电压。因为一相接地时，另一相与和大地等电位的铁心之间存在与端电压相等的电位差。为此，线圈和铁心之间的绝缘必须能够承受相当于端电压的电压。这被称为对地绝缘。

不同厂商采用的绝缘材料与绝缘方法不尽相同。近年来，绝缘材料的发展突飞猛进, 种类丰富, 线圈在绝缘寿命、机械强度、可加工性、耐热性、耐劣化性和成本等各方面都有所改善, 随着加工方法的进步, 绝缘性能越来越好。

槽尺寸会随着绝缘厚度变化, 设计时必须根据端电压确定绝缘厚度。在电压相同的情况下, 绝缘厚度也因绝缘材料和绝缘而异, 取值可参考表 3.1。

表 3.1　对地绝缘厚度

端电压	3 kV 级	6 kV 级	11 kV 级
对地绝缘厚度/mm	1 ~ 1.5	1.5 ~ 2	2 ~ 3

3.2　三相同步发电机的设计实例

下面以中容量三相同步发电机为例, 介绍设计步骤以及设计过程中预估特性的计算方法。设计条件如下:

- ▶ 容量 1500 kV·A, 极数 10, 电压 3300 V, 频率 60 Hz。
- ▶ 功率因数 0.8 (延迟), 同步转速 720 r/min, 连续运转。
- ▶ 耐热等级 155 (F)。
- ▶ 防滴式, 自行通风, 柴油发动机直驱。
- ▶ 标准 JEC-2130-2000。

3.2.1　负荷分配

- ▶ 容量 1500 kV·A。
- ▶ 电枢绕组星形接法。
- ▶ 额定电流 $I = \frac{1500 \times 10^3}{\sqrt{3} \times 3300} = 262\,\text{A}$。
- ▶ 每极容量 $s = \frac{1500}{10} = 150\,(\text{kV·A})$。
- ▶ 比容量 $\frac{s}{f \times 10^{-2}} = \frac{150}{0.6} = 250$。

根据表 2.5, 设负荷分配常数 $\gamma = 1.5$, 则 $\gamma/(1+\gamma) = 1.5/2.5 = 0.6$。由此, 根据式 (2.56) 可以算出 χ 的值:

$$\chi = \frac{\phi}{\phi_0} = \left(\frac{s}{f \times 10^{-2}}\right)^{0.6} = 250^{0.6} = 27.5$$

根据表 2.5,设基准磁负荷为 $\phi_0 = 2.7 \times 10^{-3}\mathrm{Wb}$,则磁负荷为

$$\phi = \chi\phi_0 = 27.5 \times 2.7 \times 10^{-3} = 74.3 \times 10^{-3}（\mathrm{Wb}）$$

由于采用的是星形接法,所以相电压为 $3300/\sqrt{2} = 1905$（V）。根据式（2.6）,相串联导体数 N_{ph} 为

$$N_{\mathrm{ph}} = \frac{1905}{2.1 \times 74.3 \times 10^{-3} \times 60} = 203.5$$

设绕组为双层绕组,为了改善电压波形而采用分数槽。选择每极每相槽数 $q = 3.5$,每相槽数 $P_{\mathrm{q}} = 10 \times 3.5 = 35$,总槽数为 $3P_{\mathrm{q}} = 105$。因此,每槽导体数为

$$\frac{N_{\mathrm{ph}}}{P_{\mathrm{q}}} = \frac{203.5}{35} = 5.81$$

双层绕组的每槽串联导体数必须是偶数。设 $N_{\mathrm{ph}}/P_{\mathrm{q}} = 6$,则

$$N_{\mathrm{ph}} = 6 \times 35 = 210$$

将转数与频率、极数的关系式 $n = 120f/P$ 代入式（2.4）中可得:

$$E = \frac{\pi}{\sqrt{2}} \cdot \frac{k_{\mathrm{d}}k_{\mathrm{p}}}{k_{\phi}} N_{\mathrm{ph}}\phi f$$

式中,k_{d}、k_{p}、k_{ϕ} 分别为绕组的分布系数、短距系数和磁通量分布系数,参见 2.2.1 和 3.1.1 节;k_{ϕ} 的值取 0.96 ~ 1.02。

设 $k_{\phi} \approx 1$,绕组系数为 k_{w},根据式（3.1）有

$$E = 2.22k_{\mathrm{w}}N_{\mathrm{ph}}\phi f \tag{3.4}$$

由式（3.3）可明显看出,线圈节距不同,短距系数 k_{p} 的变化范围可以很大。为了得到必要的 ϕ 值,选定 N_{ph} 的同时也要调整线圈节距。

本例 N_{ph} 比用式（2.6）中求出的预定值 203.5 大,所以要减小线圈节距以减小短距系数。设线圈节距为 9 槽,极距为 $3 \times 3.5 = 10.5$ 槽,则它们的比 $\beta = 9/10.5 = 0.857$。因此,通过式（3.3）可以算出 $k_{\mathrm{p}} = 0.975$。

正如表 2.1 所示，分布系数 k_d 取决于 q。本例分数槽 $q = 3 + 1/2$，根据式（3.2），取与 $q = 3 \times 2 + 1 = 7$ 相同的值，$k_d = 0.956$。

因此，绕组系数 k_w 为

$$k_w = k_d k_p = 0.956 \times 0.975 = 0.932$$

利用该值，根据式（3.4）重新计算磁负荷：

$$\phi = \frac{1905}{2.22 \times 0.932 \times 210 \times 60} = 73.1 \times 10^{-3} \ (\text{Wb})$$

与最初的设定值十分接近。

这样就可以求出电负荷：

$$\boldsymbol{A}_C = \frac{3N_{ph}I}{P} = \frac{3 \times 210 \times 262}{10} = 16.5 \times 10^3$$

3.2.2 比负荷与主要尺寸

下面，请思考同步发电机的气隙部分的磁通量分布。图 3.6 所示为电枢周边的磁通量分布情况，极距为 τ（mm），极弧宽度为 b（mm）。磁通量分布可以看作曲线 $\overset{\frown}{ABCD}$。气隙的磁通密度在磁极中心附近最大，设其为 B_g（T）。画高度与曲线 $\overset{\frown}{ABCD}$ 相同，面积相等的矩形 □abcd，则矩形长度 $\overline{ad} = b_i$（mm）为极弧的有效长度。b_i 和 τ 的比 $\alpha_i = b_i/\tau$，在普通同步电机中为 $0.55 \sim 0.7$。

图 3.7 所示为轴向的气隙磁通量分布情况。铁心的外观叠片长度为 l_1（mm），有风道，气隙中的磁通量分布可以看作曲线 $\overset{\frown}{ABP'PP''CD}$。画出与该分布的最大磁通密度 B_g 高度相同、面积相等的矩形 □abcd，其长度 l_i（mm）为铁心的有效长度。设风道宽度为 b_d（mm），数量为 n_d，l_i 和铁心的净长 l（mm）的关系近似于

$$l_i = l + \frac{2}{3}n_d b_d \tag{3.5}$$

净长与外观长度的关系如下：

$$l_1 = l + n_d b_d \tag{3.6}$$

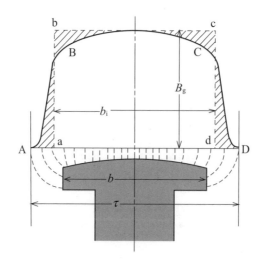

图 3.6　电枢周边的气隙磁通量分布

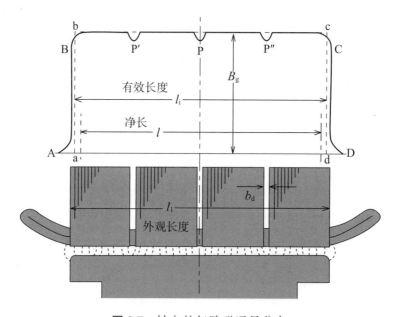

图 3.7　轴向的气隙磁通量分布

设一极的磁通量为 ϕ（Wb），则有

$$\phi = b_i l_i B_g \times 10^{-6} = \alpha_i \tau l_i B_g \times 10^{-6}$$

$$B_g = \frac{\phi}{b_i l_i} \times 10^6 = \frac{\phi}{\tau \alpha_i l_i} \times 10^6 \tag{3.7}$$

B_g（T）也被称为磁比负荷。

根据式（3.7），已知 ϕ 和 B_g 就可以求出一极的有效面积（mm^2）：

$$\tau l_i = \frac{\phi}{\alpha_i B_g} \times 10^6 \quad 或 \quad b_i l_i = \frac{\phi}{B_g} \times 10^6 \tag{3.8}$$

根据式（2.26），已知电比负荷 a_c，就可以求极距（mm）：

$$\tau = \frac{A_C}{a_c} \tag{3.9}$$

同步电机的电比负荷和磁比负荷可以根据表 3.2 选择，但这需要丰富的实际设计经验。

表 3.2 同步电机的比负荷

电机类型 \ 比负荷	小型	中型		大型
	低压	低压	高压	高压
电比负荷 a_c[At/mm]	15~30	30~55	25~55	45~80
磁比负荷 B_g[T]	0.6~0.8	0.7~0.9	0.7~0.9	0.7~0.9

本例为中型高压同步电机，选择 $a_c = 54$，$B_g = 0.89$，根据式（3.9）有

$$\tau = \frac{A_C}{a_c} = \frac{16.5 \times 10^3}{54} = 305.6 （mm）$$

所以，定子内径 D 为

$$D = \frac{10 \times 305.6}{\pi} = 972.6 （mm）$$

取 $D = 975$。本例，$\tau = 306.3\,mm$，$a_c = 53.9$。

又根据式（3.8），每极的气隙部分面积为（设 $\alpha_i = b_i/\tau = 0.65$）

$$\tau l_i = \frac{73.1 \times 10^{-3}}{0.65 \times 0.89} \times 10^6 = 126.4 \times 10^3 （mm^2）$$

进而有

$$l_i = \frac{\tau l_i}{\tau} = \frac{126.4 \times 10^3}{306.3} = 412.7 （mm）$$

$$b_i = \alpha_i \tau = 0.65 \times 306.3 = 199.1 （mm）$$

铁心上每 $50\sim80$ mm 厚度设立一个风道。本例中设置了 6 个 10 mm 宽的风道，如图 3.8 所示，铁心的净长 l 和外观长度 l_1 如下：

$$l = 412.7 - \frac{2}{3}(6\times10) = 372.7 \text{（mm）}$$

$$l_1 = 372.7 + 6\times10 = 432.7 \text{（mm）}$$

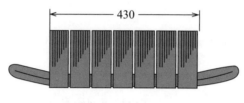

图 3.8　定子铁心

因此，设 $l_1 = 430$mm，则 $l = 370$mm，$l_i = 410$mm，$B_g = 0.896$T。

3.2.3　槽尺寸与铁心外径

普通同步电机中电枢绕组的电流密度 $\Delta_a = 4\sim6\text{A/mm}^2$，本例取 $\Delta_a = 5.5\,\text{A/mm}^2$，进而导线截面积 q_a 需设为

$$q_a = \frac{I}{\Delta_a} = \frac{262}{5.5} = 47.6 \text{（mm}^2\text{）}$$

若采用 8 线并绕，则每股线的截面积为 $47.6/8 = 5.95\,\text{mm}^2$。选择厚 1.6 mm、宽 3.5 mm 的漆包线时，其截面积为 $1.6\times3.5 = 5.6\,\text{mm}^2$，电流密度如下

$$\Delta_a = \frac{262}{8\times5.6} = 5.85 \text{（A/mm}^2\text{）}$$

如图 3.9 所示，8 股线用云母带进行层间绝缘，每槽嵌 6 束，对地绝缘依赖云母带，耐热等级为 155（F）。输出功率较大的旋转电机，还会在槽内埋入热敏元件，监控绕组温度。这时，热敏元件放在槽内上下层线圈中间，如图 3.9（b）所示。一般情况下，每相两个热敏元件，分布在绕组四周，无法埋入热敏元件的槽内填充绝缘物。这时，槽宽和槽深计算如下：

导线	$2 \times 3.7 = 7.4$	导线	$24 \times 1.8 = 43.2$
层间绝缘	$2 \times 0.2 = 0.4$	层间绝缘	$6 \times 2 \times 0.2 = 2.4$
对地绝缘	$2 \times 1.2 = 2.4$	对地绝缘	$4 \times 1.2 = 4.8$
游隙	0.3	热敏元件	3
		游隙	0.6
槽宽	$10.5\,\mathrm{mm}$	槽深	$54\,\mathrm{mm}$

由此确定图 3.9（b）所示的槽尺寸。

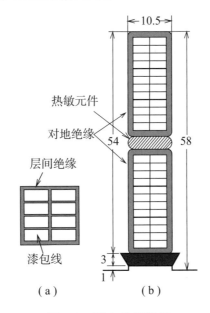

图 3.9 槽内导线配置

定子轭部的磁通密度 B_c 一般设定为 $1.1 \sim 1.4$ T，这里取 $B_c = 1.25$T。设轭部高 h_c（mm），如图 3.10 所示，通过轭部的磁通量为 $\phi/2$，铁心的占空系数为 0.97，则有

$$\frac{\phi}{2} = h_c \times 0.97l \times B_c \times 10^{-6} \text{（Wb）}$$

因此，

$$h_c = \frac{\phi}{2 \times 0.97l \times B_c} \times 10^6 = \frac{73.1 \times 10^{-3}}{2 \times 0.97 \times 370 \times 1.25} \times 10^6 = 81.5 \text{（mm）}$$

根据图 3.10，定子铁心外径为

$$D_e = D + 2(h_c + h_t) = 975 + 2(81.5 + 58) = 1254 \text{（mm）}$$

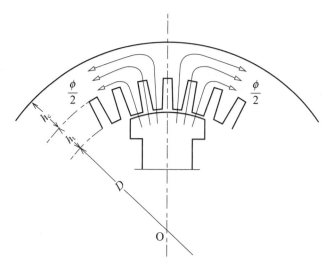

图 3.10　定子槽与磁轭

取 $D_e = 1250\text{mm}$，$h_c = 79.5\text{mm}$，可得

$$B_c = \frac{73.1 \times 10^{-3}}{2 \times 0.97 \times 370 \times 79.5} \times 10^6 = 1.28 （\text{T}）$$

3.2.4　电枢反应

图 3.11 所示为三相同步发电机的电枢绕组配置示意图，2 极，每极每相的槽数 $q = 2$。绕组中流过三相交流电时便会产生旋转磁场，三相交流电的瞬间值如图 3.12 所示。假设绕组 A_1A_2 通入 A 相电流，B_1B_2 通入 B 相电流，C_1C_2 通入 C 相电流，则图 3.12 所示瞬间 ① ~ ⑥ 的电流分布和由此产生的磁场如图 3.13 所示。可以看出，随着时间的推移，磁极 NS 顺时针旋转，每个电流周期旋转一圈。同步发电机中，该磁场和磁极的旋转速度相同，当电枢电流滞后感应电压 90° 相位时，会抵消磁极直流励磁安匝数。

电枢电流产生的磁动势呈正弦波，其大小为

$$A_{\text{Tbm}} = \frac{\sqrt{2}}{\pi} \cdot \frac{3k_w N_{\text{ph}} I}{P} = 0.45 k_w \boldsymbol{A}_C \tag{3.10}$$

这就是电枢反应安匝数。

电枢四周气隙长度均匀的涡轮发电机中，会产生与式（3.10）的安匝数成正比的电枢反应磁通量。但是，对于凸极式，气隙长度均匀，$b_i = \alpha_i \tau$ 范围之外的气隙非常大，电枢反应磁通量比圆柱式磁极小。

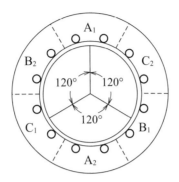

图 3.11　2 极三相绕组配置

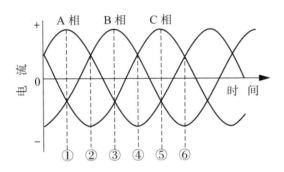

图 3.12　三相交流电瞬间值

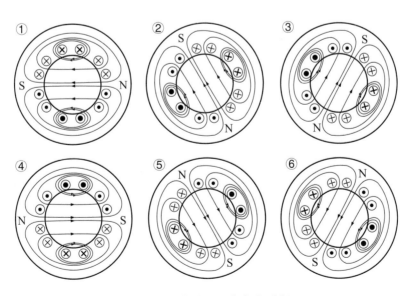

图 3.13　瞬时电流分布和磁场

因此，为了补偿式（3.10）的反应安匝数，励磁绕组的安匝数 A_{Tb} 一般为

$$A_{\mathrm{Tb}} = K_{\mathrm{d}} A_{\mathrm{Tbm}} = 0.45 K_{\mathrm{d}} k_{\mathrm{w}} \boldsymbol{A}_{\mathrm{C}} \tag{3.11}$$

对于凸极式，可以取 $K_{\mathrm{d}} = 0.8$。

3.2.5 电压调整率

图 3.14 所示为同步发电机的空载、满载饱和曲线和三相短路曲线。设每相漏感为 X_1，X_1 引起的压降为 $\sqrt{3} I X_1$。基于图中的 $\overline{\mathrm{ab}}$、$\overline{\mathrm{bO'}}$ 取式（3.11）的 A_{Tb}，则 $\overline{\mathrm{OO'}}$ 为补偿同步电抗产生的压降所需的安匝数。设 $\overline{\mathrm{OV}}$ 为端子间的额定电压，则 $\overline{\mathrm{Vs}} = A_{\mathrm{Tf0}}$ 为空载时产生额定电压所需的安匝数。

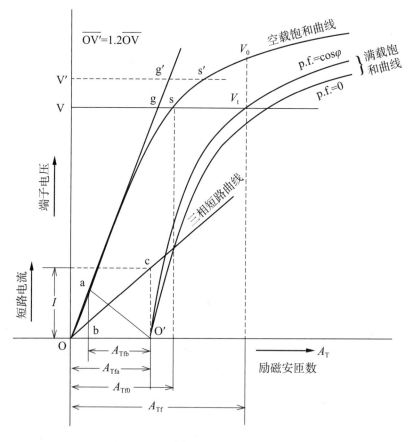

图 3.14 同步发电机的特性曲线

忽略电阻，用矢量图表示一相的电压、电流和磁通势，如图 3.15 所示。其中，$\overline{\mathrm{OA_1}} = A_{\mathrm{Tf0}}$、$\overline{\mathrm{A_1A_2}} = A_{\mathrm{Ta}}$、$\overline{\mathrm{OA_2}} = A_{\mathrm{Tf}}$ 是满载时所需的安匝数。但是在实际负载

状态下，由于磁路饱和，电枢反应磁通势比不考虑饱和时大，并随着电压和电流的相位差 φ 的增大而增大，要加以修正。

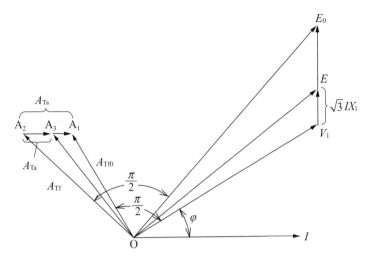

图 3.15 同步发电机的矢量图

仅看磁动势的矢量图，如图 3.16 所示。不饱和的情况下，满载时电枢反应磁动势 A_1A_2' 根据相位角 φ 的变化在圆弧 $\overset{\frown}{BC}$ 上运动；饱和的情况下，在虚线 $\overset{\frown}{BD}$ 上运动。因此，相位角 φ 对应的 $\overline{A_1A_2'}$ 便是实际的 A_{Ta}，满载时所需的励磁安匝数为 $A_{\text{Tf}} = \overline{OA_2'}$。使用系数 k 进行修正，设 $\overline{A_1A_2'} = kA_{\text{Ta}}$，则根据 $\triangle OA_1A_2'$ 可以计算出

$$A_{\text{Tf}} = \sqrt{A_{\text{Tf0}}^2 + k^2 A_{\text{Ta}}^2 + 2k A_{\text{Tf0}} A_{\text{Ta}} \sin\varphi} \qquad （3.12）$$

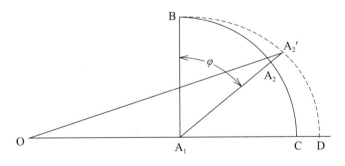

图 3.16 满载时所需励磁安匝数的计算

k 的值可以参考表 3.3。表中的 σ 值表示 1.2 倍额定电压对应的饱和率（图 3.14 中 $\sigma = \overline{g's'}/\overline{V'g'}$）。

表 3.3　k 值

功率因数	1	0.95	0.9	0.85	0.8	0
凸极式	1	1.1	1.15	1.2	1.25	$1+\sigma$
圆柱式	1	1	1.05	1.1	1.15	$1+\sigma$

求出 A_{Tf} 值，在该励磁安匝数下空载时的端电压为图 3.14 中的 V_0，额定电压为 V，电压调整率 ε（％）可用下式计算：

$$\varepsilon = \frac{V_0 - V}{V} \times 100\% \tag{3.13}$$

图 3.14 中的 $A_{Tf0}/A_{Ta} = k_s$ 为短路比。基于此，式（3.12）可变形为

$$\frac{A_{Tf}}{A_{Tf0}} = \sqrt{1 + \left(\frac{k}{k_s}\right)^2 + \frac{2k\sin\varphi}{k_s}} \tag{3.14}$$

从图 3.14 可以看出，A_{Tf}/A_{Tf0} 越接近 1，电压调整率越小，因此需要较大的短路比 k_s。但是，自动电压调整器可以降低电压调整率，所以发电机固有的电压调整率不构成问题，短路比也可以取小值。

3.2.6　气隙长度

为了确定磁极面的气隙长度，请考虑图 3.17 所示的简单形状。假设气隙的面积为 S（mm^2），长度为 δ（mm），使之产生磁通 ϕ（Wb）所需的磁动势为 A_{Tg0}。取真空导磁率为 $\mu_0 = 4\pi \times 10^{-7}$（H/m），空气的比导磁率为 1，则该气隙的磁阻 $\mathcal{R}$ 为

$$\mathcal{R} = \frac{1}{\mu_0} \times \frac{\delta \times 10^{-3}}{S \times 10^{-6}}$$

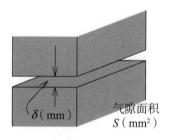

图 3.17　气隙所需的磁动势计算

设气隙磁通密度为 B_g（T），则有

$$A_{\mathrm{Tg}0} = \phi \mathcal{R} = \phi \times \frac{1}{\mu_0} \times \frac{\delta \times 10^{-3}}{S \times 10^{-6}} = \frac{1}{4\pi \times 10^{-7}} \times B_g \times \delta \times 10^{-3}$$

$$\approx 0.8 B_g \delta \times 10^3 \tag{3.15}$$

实际发电机中，电枢内表面与磁极面的关系如图 3.18 所示，电枢侧有槽，所以气隙长度 δ 需等效增加到 $K_c\delta$。K_c 被称为卡特系数，取 $1.02 \sim 1.2$。因此，气隙部分产生磁通密度 B_g 所需的安匝数为

$$A_{\mathrm{Tg}} = 0.8 K_c B_g \delta \times 10^3 \tag{3.16}$$

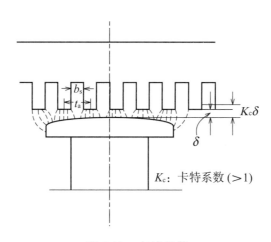

图 3.18 卡特系数

设 B_g 相当于空载额定电压的气隙磁通密度，则图 3.14 中 $\overline{\mathrm{Vg}} = A_{\mathrm{Tg}}$。因此，如果将此时铁心部分所需的安匝数设为 $\overline{\mathrm{gs}}$，则空载时产生额定电压所需的励磁安匝数 $A_{\mathrm{Tf}0}$ 为 $\overline{\mathrm{Vs}}$，且

$$A_{\mathrm{Tf}0} = \overline{\mathrm{Vs}} = \overline{\mathrm{Vg}} + \overline{\mathrm{gs}} = \overline{\mathrm{Vg}} \left(1 + \frac{\overline{\mathrm{gs}}}{\overline{\mathrm{Vg}}} \right) = \overline{\mathrm{Vg}} \times K_s$$

这时，

$$A_{\mathrm{Tf}0} = 0.8 K_c K_s B_g \delta \times 10^3 \tag{3.17}$$

式中，K_s 被称为额定电压下的饱和系数。

从图 3.14 可以看出，相当于同步反应[①]的安匝数 A_{Ta} 约增大了 A_{Tb} 的 15%，根据式（3.11）有

$$A_{Ta} = 1.15A_{Tb} = 1.15 \times 0.45K_d k_w A_C = 0.517K_d k_w \boldsymbol{A}_C \quad (3.18)$$

而短路比 k_s 为

$$k_s = \frac{A_{Tf0}}{A_{Ta}} = \frac{0.8K_c K_s B_g \delta \times 10^3}{0.517K_d k_w \boldsymbol{A}_C} \quad (3.19)$$

从上式可知，想要增大短路比，就要增大气隙长度，而电负荷较大的铜机设计则倾向于减小短路比。

根据式（3.19）可得：

$$\delta = \frac{0.517K_d k_w k_s}{0.8K_c K_s} \times 10^{-3} \times \frac{\boldsymbol{A}_C}{B_g} = c \times 10^{-3} \times \frac{\boldsymbol{A}_C}{B_g} \quad (3.20)$$

式中，$c = 0.517K_d k_w k_s / 0.8K_c K_s$，其值可取：

▶ 圆柱式发电机 $c = 0.3 \sim 0.45$
▶ 凸极式发电机 $c = 0.35 \sim 0.6$

本例 $B_g = 0.896T$，$\boldsymbol{A}_C = 16.5 \times 10^3$，设 $c = 0.36$，有

$$\delta = 0.36 \times 10^{-3} \times \frac{16.5 \times 10^3}{0.896} = 6.63 \text{（mm）}$$

取 $\delta = 0.65$ mm。极弧两端的气隙大，取 $\delta' = 11$ mm。

3.2.7 磁极与励磁绕组

磁极面的磁通量分布大致如图 3.18 所示，总量是 ϕ。但是，磁极铁心内的磁通量 ϕ_p 由于磁极漏磁通的存在而在其基础上增大了 σ_f 倍：

$$\phi_p = (1 + \sigma_f)\phi$$

式中，σ_f 为磁极的漏损系数，一般为 $0.1 \sim 0.3$。

[①] 这里的同步反应相当于同步电抗，可看作电枢反应与漏抗之和。

使用厚度不小于 1mm 的钢板成的磁极铁心，磁通密度 $B_p = 1.3 \sim 1.5\text{T}$。

本例 $\phi = 73.1 \times 10^{-3}\text{ Wb}$，$\sigma_f = 0.15$，磁极铁心内的磁通量 ϕ_p 为

$$\phi_p = 1.15\phi = 1.15 \times 73.1 \times 10^{-3} = 84.1 \times 10^{-3} \text{（Wb）}$$

设 $B_p = 1.45\text{T}$，铁心的占空系数为 0.97，则磁极铁心的截面积 $b_p l_p$ 应为

$$b_p l_p = \frac{\phi_p}{0.97 B_p} \times 10^6 = \frac{84.1 \times 10^{-3}}{0.97 \times 1.45} \times 10^6 = 59.8 \times 10^3 \text{（mm}^2\text{）}$$

令磁极铁心的叠层厚度 l_p 等于电枢铁心的外观长度 l_1，则铁心宽度 b_p 为

$$b_p = \frac{b_p l_p}{l_1} = \frac{59.8 \times 10^3}{430} = 139.1 \text{（mm）}$$

确定 $b_p = 140\text{mm}$ 后，$b_p l_p = 60.2 \times 10^3 \text{mm}^2$，$B_p = 1.44$。而 b_i 已知，所以磁极铁心的尺寸如图 3.19 所示。

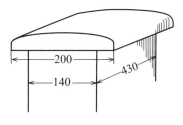

图 3.19　磁极铁心

图 3.13 中，空载时产生额定电压所需的励磁安匝数 A_{Tf0} 可通过式（3.17）计算。根据图 3.18，气隙长 δ，槽距 t_a，槽宽 b_s，卡特系数 K_c 可通过下式计算：

$$K_c = \frac{t_a}{t_a - \delta \frac{(b_s/\delta)^2}{5 + b_s/\delta}} \qquad (3.21)$$

本例 $t_a = \pi D / 3P_q = \pi \times 975/105 = 29.17\text{mm}$，$b_s = 10.5\text{mm}$，因此

$$K_c = \frac{29.17}{29.17 - 6.5 \times \frac{(10.5/6.5)^2}{5 + 10.5/6.5}} = 1.096$$

又因为 $B_g = 0.896\text{T}$，设 $K_s = 1.1$，则有

$$A_{Tf0} = 0.8 K_c K_s B_g \delta \times 10^3 = 0.8 \times 1.096 \times 1.1 \times 0.896 \times 6.5 \times 10^3 = 5617 \text{（At）}$$

本例 $\boldsymbol{A}_{\mathrm{C}} = 16.5 \times 10^3$，$k_{\mathrm{w}} = 0.932$，设 $K_{\mathrm{d}} = 0.8$，则利用式（3.18）可求出图 3.14 所示的同步反应所对应的励磁安匝数：

$$A_{\mathrm{Ta}} = 0.517 \times 0.8 \times 0.932 \times 16.5 \times 10^3 = 6360 \text{（At）}$$

由此，可利用式（3.12）求出额定负载时的励磁安匝数。本例额定功率因数为 0.8，根据表 3.3 选择 $k = 1.25$，则有

$$
\begin{aligned}
A_{\mathrm{Tf}} &= \sqrt{A_{\mathrm{Tf0}}^2 + k^2 A_{\mathrm{Ta}}^2 + 2k A_{\mathrm{Tf0}} A_{\mathrm{Ta}} \sin\varphi} \\
&= \sqrt{5617^2 + (1.25 \times 6360)^2 + 2 \times 1.25 \times 5617 \times 6360 \times 0.6} \\
&= 12\,179 \text{（At）}
\end{aligned}
$$

有了 A_{Tf} 的估算值，下面计算产生该 A_{Tf} 所需的励磁电流和励磁线圈匝数。励磁装置提供励磁电流，这里以 $1500\,\mathrm{kV \cdot A}$、10 极发电机的无刷励磁装置为例，其电路如图 3.20 所示。无刷励磁装置的能力主要取决于整流器的输出电流。假设输出电流为 $200\,\mathrm{A}$，则励磁线圈匝数为

$$T_{\mathrm{f}} = \frac{A_{\mathrm{Tf}}}{I_{\mathrm{f}}} \tag{3.22}$$

计算结果为

$$T_{\mathrm{f}} = \frac{A_{\mathrm{Tf}}}{I_{\mathrm{f}}} = \frac{12179}{200} = 60.9$$

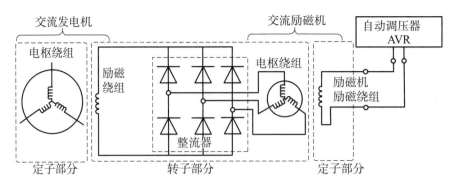

图 3.20　无刷励磁方式接线图

留出余量，取 $T_{\mathrm{f}} = 62$ 匝，则有

$$I_{\mathrm{f}} = \frac{12179}{62} = 196 \text{（A）}$$

Δ_f 一般为 $3 \sim 4.5 \text{ A/mm}^2$，取 $4.5\,\text{A/mm}^2$，则导体截面积 q_f 为

$$q_f = \frac{I_f}{\Delta_f} = \frac{196}{4.5} = 43.6 \ (\text{mm}^2)$$

若使用 $30\,\text{mm} \times 1.5\,\text{mm}$ 扁线，则 $q_f = 30 \times 1.5 = 45\,\text{mm}^2$，$\Delta_f = 4.36\,\text{A/mm}^2$。

基于该尺寸的励磁线圈计算磁极尺寸时，要考虑对地绝缘和层间绝缘。对地绝缘采用玻璃布浸树脂成型时，结构如图 3.21（a）所示，尺寸计算如下：

导线	$62 \times 1.5 = 93$
层间绝缘	$62 \times 0.3 = 18.6$
绝缘垫	$2 \times 4 = 8$
装配垫	4
余量	1.4
高度	$125\,\text{mm}$

因此，磁极尺寸如图 3.21（a）所示。通过图 3.21（b）可以准确求出励磁线圈的尺寸。在直线部分的基础上加上半径为 $(50 + 30/2)$ 的 50R 圆角的弯曲部分，就可以得到 l_f：

$$l_f = 430 \times 2 + (148 - 100) \times 2 + 2 \times (50 + 15)\pi = 1364 \ (\text{mm})$$

$$= 1.36 \ (\text{m})$$

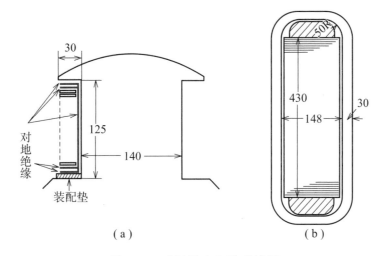

（a）　　　　　　　　　（b）

图 3.21　磁极铁心和励磁线圈

根据上述结果计算励磁线圈电阻。假设 10 极串联，耐热等级为 155（F），参照适用标准规定的基准绕组温度为 115 °C 时的 $\rho = 0.0237$（参见 1.2.2 节），有

$$R_{\mathrm{f}} = P\rho\frac{T_{\mathrm{f}}l_{\mathrm{f}}}{q_{\mathrm{f}}} = 10 \times 0.0237 \times \frac{62 \times 1.36}{45} = 0.444（\Omega）$$

3.2.8 主磁路的安匝数

通过以上计算确定了主要部分的尺寸，就可以尝试计算空载饱和曲线。为此，使用图 3.22 所示的作为磁路的铁心的 $B\text{-}H$ 曲线。

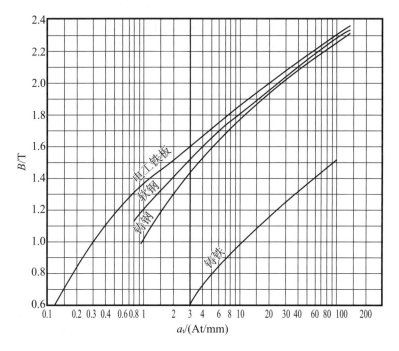

图 3.22 铁心材料的 $B\text{-}H$ 曲线

将磁路分为气隙、定子铁心齿部、定子铁心轭部和磁极铁心，设它们所需的安匝数分别为 A_{Tg}、A_{Tt}、A_{Tc} 和 A_{Tp}。

● $A_{\mathbf{Tg}}$ 的计算

根据式（3.16），$B_{\mathrm{g}} = 0.896\mathrm{T}$，$\delta = 6.5\,\mathrm{mm}$，$K_{\mathrm{c}} = 1.096$，有

$$A_{\mathrm{Tg}} = 0.8 \times 1.096 \times 0.896 \times 6.5 \times 10^3 = 5106$$

● A_{Tt} 的计算

电枢齿部的磁通量分布很复杂，大致如图 3.23 的虚线所示。

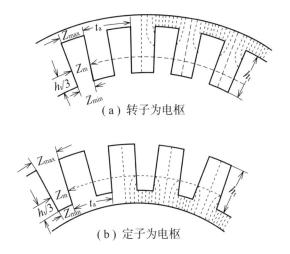

（a）转子为电枢

（b）定子为电枢

图 3.23 齿部的磁通量分布

设最小齿宽为 Z_{min}，最大齿宽为 Z_{max}，齿尖槽距为 t_a，齿根槽距为 t_b，槽宽为 b_s，则一个槽距内的磁通量为 $t_a l_i B_g$。其中的 95% 通过齿部，剩余 5% 通过槽部。图 3.23（b）中，齿尖的磁通密度最大，齿根的磁通密度最小，因此齿尖部分单位长度所需的安匝数最大。

根据统计，齿部单位长度的安匝数平均值，应选择 Z_{min} 处到 $h_t/3$ 部分的磁通密度对应的值。所以，A_{Tt} 的值计算如下。

齿尖到 $h_t/3$ 处的齿宽 Z_m 为

$$Z_m = \frac{Z_{max} + 2Z_{min}}{3} \tag{3.23}$$

可见齿形为梯形，设这部分的磁通密度为 B_{tm}，再设铁心叠层厚度（不含风道）为 l，铁心占空系数为 0.97，则齿部磁通密度为 $B_{tm} \times Z_m \times 0.97l$。令它与 $0.95 t_a l_i B_g$ 相等，有

$$0.97 Z_m l B_{tm} = 0.95 t_a l_i B_g$$

$$\therefore \quad B_{tm} = \frac{0.95 t_a l_i}{0.97 Z_m l} B_g = 0.98 \frac{t_a l_i}{Z_m l} B_g \tag{3.24}$$

根据图 3.22 求出 B_{tm} 对应的单位长度安匝数 a_{tm}，齿部所需的安匝数计算如下：

$$A_{\mathrm{Tt}} = a_{\mathrm{tm}} \times h_{\mathrm{t}} \qquad\qquad (3.25)$$

本例已求得 $t_{\mathrm{a}} = 29.17\,\mathrm{mm}$，又因 $h_{\mathrm{t}} = 58\,\mathrm{mm}$，所以：

$$t_{\mathrm{b}} = \frac{\pi(D + 2h_{\mathrm{t}})}{3P_q} = \frac{\pi(975 + 2 \times 58)}{105} = 32.64 \ (\mathrm{mm})$$

由于 $b_{\mathrm{s}} = 10.5\,\mathrm{mm}$，所以：

$$Z_{\min} = t_{\mathrm{a}} - b_{\mathrm{s}} = 29.17 - 10.5 = 18.67 \ (\mathrm{mm})$$

$$Z_{\max} = t_{\mathrm{a}} - b_{\mathrm{s}} = 32.64 - 10.5 = 22.14 \ (\mathrm{mm})$$

$$\therefore \quad Z_{\mathrm{m}} = \frac{22.14 + 2 \times 18.67}{3} = 19.83 \ (\mathrm{mm})$$

又因 $l = 370\,\mathrm{mm}$，$l_{\mathrm{i}} = 410\,\mathrm{mm}$，$B_{\mathrm{g}} = 0.896\,\mathrm{T}$，由式（3.24）可知

$$B_{\mathrm{tm}} = 0.98 \times \frac{29.17 \times 410}{19.83 \times 370} \times 0.896 = 1.43 \ (\mathrm{T})$$

根据图 3.22，$B_{\mathrm{tm}} = 1.43\,\mathrm{T}$，对应的 $a_{tm} = 1.6\,\mathrm{At/mm}$，由式（3.25）可知

$$A_{\mathrm{Tt}} = 1.6 \times 58 = 93 \ (\mathrm{At})$$

● A_{Tc} 的计算

磁轭的磁通密度为 $B_{\mathrm{c}} = 1.28\,\mathrm{T}$，根据图 3.22 求出对应的 $a_{\mathrm{tc}} = 0.7\,\mathrm{At/mm}$。每极磁轭的磁路长度为 $l_{\mathrm{c}} \approx \tau/2 = 306.3/2 = 153.2\,\mathrm{mm}$，所以：

$$A_{\mathrm{Tc}} = a_{\mathrm{tc}} \times l_{\mathrm{c}} = 0.7 \times 153 = 107 \ (\mathrm{At})$$

● A_{Tp} 的计算

磁极铁心的磁通密度为 $B_{\mathrm{b}} = 1.44\,\mathrm{T}$，根据图 3.22 所示的软钢曲线可知 $a_{\mathrm{tp}} = 2.4\,\mathrm{At/mm}$。因为 $h_{\mathrm{p}} = 125\,\mathrm{mm}$，所以：

$$A_{\mathrm{Tp}} = a_{tp} \times h_{\mathrm{p}} = 2.4 \times 125 = 300 \ (\mathrm{At})$$

● A_{Tf0} 的计算

空载时产生额定电压所需的励磁安匝数为以上 4 项之和:

$$A_{Tf0} = A_{Tg} + A_{Tt} + A_{Tc} + A_{Tp} = 5106 + 93 + 107 + 300$$

$$= 5106 + 500 = 5606 \text{（At）}$$

第 1 项是气隙所需的安匝数,在图 3.14 中表示为 $\overline{Vg}$。第 2 项及以后是铁心部分所需的安匝数 A_{Ts},在图 3.14 中表示为 $\overline{gs}$。对应的,饱和系数 K_s 为

$$K_s = 1 + \frac{\overline{gs}}{\overline{Vg}} = 1 + \frac{A_{Ts}}{A_{Tg}} = 1 + \frac{500}{5106} = 1.098$$

可见,计算结果与之前预估的 $A_{Tf0} = 5630$、$K_s = 1.1$ 十分接近。

● 空载饱和曲线

选择额定电压前后的值进行以上 5 项的计算,即可作出空载饱和曲线。各部分的磁通密度与电压成正比,计算结果可整理为表 3.4。据此,可以得到图 3.24 所示的空载饱和曲线 $\widetilde{ON}$。

表 3.4 空载饱和曲线的计算

空载端电压		3300 V	3800 V	4200 V	4500 V
气隙	B_g	0.896	1.032	1.14	1.222
	A_{Tg}	5106	5880	6499	6962
齿部	B_{tm}	1.43	1.65	1.82	1.95
	a_{tm}	1.6	4	9	16
	A_{Tt}	93	232	522	928
定子磁轭	B_c	1.28	1.47	1.63	1.75
	a_{tc}	0.7	1.8	3.8	6.3
	A_{Tc}	107	275	581	963
磁极	B_p	1.44	1.66	1.83	1.96
	a_{tp}	2.4	5.2	12	22
	A_{Tp}	300	650	1500	2750
合计	(A_{Tf0})	5606	7037	9102	11603

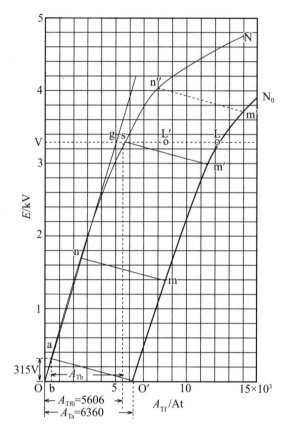

图 3.24　饱和曲线

3.2.9　电枢绕组的电阻与漏抗

● 电　阻

设每根电枢导线的平均长度为 l_a，是线圈边长和端部长度之和，有：

$$l_a = l_1 + 1.75\tau\ (\text{mm}) = (l_1 + 1.75\tau) \times 10^{-3}\ (\text{m}) \tag{3.26}$$

因此，相电阻（115 ℃）为

$$R_a = 0.0237 \times \frac{N_{ph}l_a}{q_a} \tag{3.27}$$

也就是

$$l_a = 430 + 1.75 \times 306.3 = 966.0\ (\text{mm}) = 0.966\ (\text{m})$$

导线截面积为 $1.6 \times 3.5 = 5.6$（mm^2），8 股导线的截面积为 $q_\mathrm{a} = 8 \times 5.6 = 44.8$（$\mathrm{mm}^2$），所以：

$$R_\mathrm{a} = 0.0237 \times \frac{210 \times 0.966}{44.8} = 0.1073 \text{（}\Omega\text{）}$$

● 漏 抗

同步电机的绕组漏抗，由图 3.25（a）所示的槽内漏磁通 ϕ_i 引起的槽漏抗以及图 3.25（b）所示的线圈端部漏磁通 ϕ_e 引起的线圈端部漏抗组成。

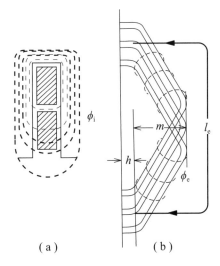

（a）　　　　　　　（b）

图 3.25　漏磁通

漏抗的计算公式如下：

$$X_1 = 7.9 \times f \times \frac{N_\mathrm{ph}^2}{P} \times (\varLambda_\mathrm{s} + \varLambda_\mathrm{e}) \times 10^{-9} \tag{3.28}$$

式中，$\varLambda_\mathrm{s}$ 和 $\varLambda_\mathrm{e}$ 分别为槽漏磁通和线圈端部漏磁通。

槽漏磁通可用下式计算：

$$\varLambda_\mathrm{s} = \frac{l}{q} \times \lambda_\mathrm{s} \tag{3.29}$$

式中，q 为每极每相槽数；l 为铁心的净长；λ_s 为槽漏磁通对应的磁导。

开口槽如图 3.26（a）所示，对应的 λ_s 按下式计算：

$$\lambda_\mathrm{s} = \frac{h_1}{3b_1} + \frac{h_2}{b_1} \tag{3.30}$$

半开口槽如图 3.26（b）所示，对应的 λ_s 按下式计算：

$$\lambda_s = \frac{h_1}{3b_1} + \frac{h_2}{b_1} + \frac{2h_3}{b_1 + b_4} + \frac{h_4}{b_4} \tag{3.31}$$

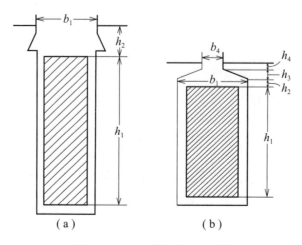

图 3.26　开口槽和半开口槽

下面看线圈端部漏磁通，如图 3.25（b）所示，有

$$\Lambda_e = 1.13 \times k_p^2 \times (h + 0.5m) \tag{3.32}$$

式中，k_p 为短距系数。

本例采用开口槽，槽漏磁通的磁导使用式（3.30）计算。代入事先确定的槽尺寸，有

$$\lambda_s = \frac{52}{3 \times 10.5} + \frac{5.5}{10.5} = 1.651 + 0.523 = 2.174$$

$$\therefore \quad \Lambda_s = \frac{370}{3.5} \times 2.174 = 229.8$$

至于线圈端部漏磁通，$h = 30\,\text{mm}$，$m = 130\,\text{mm}$，$k_p = 0.975$，所以通过式（3.32）可得

$$\Lambda_e = 1.13 \times 0.975^2 \times (30 + 0.5 \times 130) = 102$$

因此，漏抗可通过式（3.28）计算：

$$X_1 = 7.9 \times 60 \times \frac{210^2}{10} \times (229.8 + 102) \times 10^{-9} = 0.694 \text{（}\Omega\text{）}$$

进而，漏抗产生的端子间压降为

$$\sqrt{3}IX_1 = \sqrt{3} \times 262 \times 0.694 = 315 \text{（V）}$$

3.2.10 负载饱和曲线与电压调整率

本例漏抗压降为 $\sqrt{3}IX_1 = 315\,\text{V}$，因此在图 3.24 中取 $\overline{ab} = 315\,\text{V}$。额定电流时的同步反应安匝数可利用式（3.18）计算，$K_d = 0.8$ 时，$A_{Ta} = 6360\,\text{At}$。由此确定满载饱和曲线的起点 O'。

进而，可以确定 $\overline{aO'}$。若 $\overline{nm}$、$\overline{sm'}$、$\overline{n''m''}$ 等与 $\overline{aO'}$ 平行，长度也相等，就可以作出滞后功率因数 0 对应的满载饱和曲线 $\overset{\frown}{O'N_0}$。

另外，短路比为

$$k_s = \frac{A_{Tfo}}{A_{Ta}} = \frac{5606}{6360} = 0.881$$

负载功率因数 $\cos\varphi = 0.8$ 时的满载励磁安匝数可以通过式（3.12）计算。根据表 3.3，$k = 1.25$，有

$$A_{Tf} = \sqrt{5606^2 + (1.25 \times 6360)^2 + 2 \times 1.25 \times 5606 \times 6360 \times 0.6}$$
$$= 12\,170 \text{（At）}$$

此点在图 3.24 中用点 L 表示。$A_{Tf} = 12\,170\,\text{At}$ 时空载电压为 4580 V，因此 $\cos\varphi = 0.8$ 的负载对应的电压调整率为

$$\varepsilon_{0.8} = \frac{4580 - 3300}{3300} \times 100\% = 38.8\,\%$$

$\cos\varphi = 1$ 满载时所需的安匝数，可通过将 $\sin\varphi = 0$、$k = 1$ 代入式（3.12）算得

$$A'_{Tf} = \sqrt{5606^2 + 6360^2} = 8478 \text{（At）}$$

此点在图 3.24 中用点 L' 表示。又因为 $A'_{Tf} = 8478\,\text{At}$ 对应的空载电压为 4100 V，所以 $\cos\varphi = 1$ 的负载对应的电压调整率为

$$\varepsilon_1 = \frac{4100 - 3300}{3300} \times 100\% = 24.2\,\%$$

3.2.11　损耗与效率

● **电枢铜损**

额定电流 $I = 262\,\text{A}$，电枢绕组的相电阻为 $R_1 = 0.1073\,\Omega$，所以电枢铜损 W_C 为

$$W_\text{C} = 3I^2 R_1 = 3 \times 262^2 \times 0.1073 = 22.1 \times 10^3 \ (\text{W})$$

● **负载杂散损耗**

负载电流流过电枢绕组时，趋肤效应会导致槽内导体电流分布不均，铜损增大。另外，线圈端部漏磁通也会在铁心紧固件和线圈端部五金件处产生涡流损耗。这些损耗来自负载电流，被统称为负载杂散损耗。它很难准确计算，一般取电枢铜损的 $30\,\%$ 左右。因此，负载杂散损耗 W_s 可视为

$$W_\text{s} = 0.3W_\text{C} = 0.3 \times 220.96 = 6.6 \times 10^3 \ (\text{W})$$

● **励磁损耗**

功率因数为 0.8 时的满载励磁安匝数 $A_\text{Tf} = 12\,180$，励磁线圈的匝数 $T_\text{f} = 62$，所以满载时的励磁电流为

$$I_\text{f} = \frac{A_\text{Tf}}{T_\text{f}} = \frac{12\,170}{62} = 196 \ (\text{A})$$

10 极串联的励磁线圈的电阻 R_f 为 $0.444\,\Omega$，所以励磁损耗 W_f 为

$$W_\text{f} = I_\text{f}^2 R_\text{f} = 196^2 \times 0.444 = 17.1 \times 10^3 \ (\text{W})$$

● **铁　损**

本例发电机的定子铁心尺寸已知，如图 3.27 所示。轭部和齿部的铁心容积 V_Fc 和 V_Ft 计算如下：

$$V_\text{Fc} = \frac{\pi}{4}[D_\text{e}^2 - (D + 2h_\text{t})^2]l = \frac{\pi}{4}(1250^2 - 1091^2) \times 370$$
$$= 108.2 \times 10^6 \ (\text{mm}^3)$$

$$V_\text{Ft} = \frac{\pi}{4}[(D + 2h_\text{t})^2 - D^2]l - 3P_\text{q} \times (b_\text{s}h_\text{t}l)$$
$$= \frac{\pi}{4}(1091^2 - 975^2) \times 370 - 105 \times (10.5 \times 58 \times 370)$$
$$= 46 \times 10^6 \ (\text{m}^3)$$

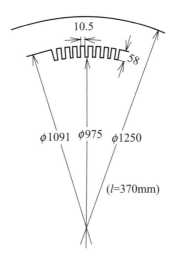

图 3.27 定子铁心

使用铁心厚度为 0.5 mm 的 50A600 钢板，由表 1.2 中可知 $\sigma_{Hc} = 4.50$、$\sigma_{Ec} = 36$。根据式（1.4），当 $B_c = 1.28$ T、$f = 60$ Hz 时每 1 kg 磁轭的铁损 w_{fc} 为

$$w_{fc} = 1.28^2 \times \left[4.50 \times \frac{60}{100} + 36 \times 0.5^2 \times \left(\frac{60}{100} \right)^2 \right] = 9.73 \text{（W/kg）}$$

根据表 1.1，轭部的密度为 7.75 kg/dm³，所以

$$G_{Fc} = 7.75 \times 0.97 \times V_{Fc} \times 10^{-6} = 7.75 \times 0.97 \times 108.2 \times 10^6 \times 10^{-6}$$
$$= 813 \text{（kg）}$$

磁轭的铁损 W_{Fc} 为

$$W_{Fc} = w_{fc} \times G_{Fc} = 9.73 \times 813 = 7.9 \times 10^3 \text{（W）}$$

由表 1.2 可知齿部的损耗系数为 $\sigma_{Ht} = 7.5$、$\sigma_{Et} = 63$，根据式（1.5），$B_{tm} = 1.43$ T 时每 1 kg 的铁损 w_{ft} 为

$$w_{ft} = 1.43^2 \left[7.5 \times \frac{60}{100} + 63 \times 0.5^2 \times \left(\frac{60}{100} \right)^2 \right] = 20.8 \text{（W/kg）}$$

齿部质量为

$$G_{Ft} = 7.7 \times 0.97 \times V_{Ft} \times 10^{-6} = 7.7 \times 0.97 \times 46 \times 10^6 \times 10^{-6}$$

$$= 344 \, (\, \text{kg} \,)$$

所以，齿部的铁损为

$$W_{\text{Ft}} = w_{\text{ft}} \times G_{\text{Ft}} = 20.8 \times 344 = 7.2 \times 10^3 \, (\, \text{W} \,)$$

综上，总铁损 W_{F} 为

$$W_{\text{F}} = W_{\text{Fc}} + W_{\text{Ft}} = 7.9 \times 10^3 + 7.2 \times 10^3 = 15.1 \times 10^3 \, (\, \text{W} \,)$$

● 机械损耗

只考虑风损的情况下，机械损耗可通过式（1.11）计算。$D = 975 \, \text{mm}$，$l_1 = 430 \, \text{mm}$，同步速度 N_{s} 为

$$N_{\text{s}} = \frac{120f}{P} = \frac{120 \times 60}{10} = 720 \, (\, \text{r/min} \,)$$

所以，转子的圆周速度 v_{a} 为

$$v_{\text{a}} \approx \pi D \times \frac{N_{\text{s}}}{60} \times 10^{-3} = \pi \times 975 \times \frac{720}{60} \times 10^{-3} = 36.8 \, (\, \text{m/s} \,)$$

根据式（1.11），机械损耗为

$$W_{\text{m}} = 8D \times (l_1 + 150) \times v_{\text{a}}^2 \times 10^{-6} = 8 \times 975 \times (430 + 150) \times 36.8^2 \times 10^{-6}$$
$$= 6.1 \times 10^3 \, (\, \text{W} \,)$$

● 效　率

综上，总损耗 $\sum W$ 为

$$\sum W = W_{\text{C}} + W_{\text{s}} + W_{\text{f}} + W_{\text{F}} + W_{\text{m}} = 22.1 + 6.6 + 17.1 + 15.1 + 6.1$$
$$= 67 \, (\, \text{kW} \,)$$

额定功率因数为 0.8 时，额定输出功率的效率为

$$\eta = \frac{1500 \times 0.8}{1500 \times 0.8 + 67} \times 100\% = 94.7\%$$

3.2.12　温　升

电机的温升源自损耗产生的热量 W_i（W）。设散热表面积为 O_s（m^2），传热系数为 κ ［W/（m^2·K）］，则温升 θ（K）可用下式计算：

$$\theta = \frac{W_i}{\kappa O_s} \tag{3.33}$$

本例定子铁心的尺寸如图 3.28 所示，若铁心的侧面、里面、外面和风道面均是有效散热面，则

$$
\begin{aligned}
O_s &= \frac{\pi}{4}(D_e^2 - D^2) \times (2 + n_d) + \pi(D_e + D) \times l_1 \\
&= \frac{\pi}{4}(1.25^2 - 0.975^2) \times (2 + 6) + \pi(1.25 + 0.975) \times 0.43 = 6.85 \ (\text{m}^2)
\end{aligned}
$$

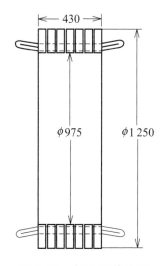

图 3.28　定子的散热面

假设这些面的内侧产生的损耗不包括所有铁损与电枢铜损中线圈端部损耗以外的损耗，则

$$W_i = W_F + W_C \times \frac{l_1}{l_a} = 15\,017 + 22\,096 \times \frac{430}{966} = 24\,853 \ (\text{W})$$

那么，$\kappa = 40\,\text{W/}(\text{m}^2\cdot\text{K})$ 时，温升为

$$\theta = \frac{24\,853}{40 \times 6.85} = 90.7 \ (\text{K})$$

线圈温升约比其高 5 K，估算为 95 K。

接下来计算励磁线圈的温升。磁极尺寸如图 3.29 所示，线圈表面积为

$$O_f \approx 2 \times (0.166 + 0.556) \times 0.125 = 0.181 \ (\text{m}^2)$$

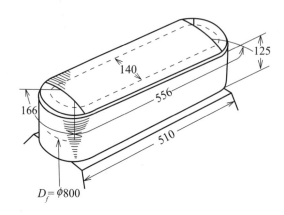

图 3.29　磁极的散热面

另外，励磁线圈在转子侧，如果其平均圆周速度为 v_f（m/s），则散热面积增加为

$$O_f' = O_f \times (1 + 0.1v_f) \tag{3.34}$$

但是，0.1 是经验系数。设励磁线圈中心的直径 $D_f = 800 \ \text{mm}$，则该部分的圆周速度为

$$v_f = \pi D_f \times \frac{N_s}{60} \times 10^{-2} = \pi \times 800 \times \frac{720}{60} \times 10^{-3} = 30.2 \ (\text{m/s})$$

一极的励磁损耗为 $W_f/P = 17057/10 = 1706$（W），励磁线圈的传热系数为 $\kappa_f = 25 \ \text{W}/(\text{m}^2 \cdot \text{K})$ 时，温升 θ_f 为

$$\theta_f = \frac{W_f/P}{\kappa_f O_f(1 + 0.1v_f)} = \frac{1706}{25 \times 0.181 \times (1 + 0.1 \times 30.2)} = 93.8 \ (\text{K})$$

3.2.13　主要材料的用量

下面尝试计算电枢和励磁线圈的铜和铁心的大致用量。电枢线圈的铜质量为

$$G_{Ca} = 3 \times 8.9 \times (q_a \times l_a \times N_{ph}) \times 10^{-3}$$

$$= 3 \times 8.9 \times (44.8 \times 0.966 \times 210) \times 10^{-3} = 243 \text{（kg）}$$

留出余量，估计实际用量为 $255\,\mathrm{kg}$。

励磁线圈的铜质量为

$$G_{\mathrm{Cf}} = P \times 8.9 \times (q_{\mathrm{f}} \times l_{\mathrm{f}} \times T_{\mathrm{f}}) \times 10^{-3} = 10 \times 8.9 \times (45 \times 1.36 \times 62) \times 10^{-3}$$
$$= 338 \text{（kg）}$$

估计实际用量为 $355\,\mathrm{kg}$。

包括槽口部分在内的电枢铁心质量为

$$G_{\mathrm{F}} = 7.7 \times 0.97 \times \frac{\pi}{4}(D_{\mathrm{e}}^2 - D^2) \times l \times 10^{-3}$$
$$= 7.7 \times 0.97 \times \frac{\pi}{4} \times (1250^2 - 975^2) \times 370 \times 10^{-6} = 1328 \text{（kg）}$$

因此，估计铁质量为 $1400\,\mathrm{kg} = 1.4\,\mathrm{t}$。

3.2.14 设计表

以上计算分布于多个页面，查看数据和尺寸比较麻烦，在此总结为表 3.5，以便查阅。

表3.5　同步发电机的设计表

三相同步发电机　设　　计　　表

规　格							
用途	柴油发动机		机型	同步发电机	转子类型	凸极式	标准	JEC-2130-2000
容量	1 500	kV·A	极数	10　　P	电压	3 300　　V	频率	60　　Hz
转速	720	r/min	耐热等级	155（F）	防护类型	防滴式	冷却方式	自行通风

主要参数						
比容量 s/f	250	基准磁负荷 ϕ_0	2.7×10^{-3}　Wb	磁负荷 ϕ	73.1×10^{-3}　Wb	电负荷 A_C	16.5×10^3
定子内径 D	975　mm	极距 τ	306.3　　mm	磁比负荷 B_g	0.896　T	电比负荷 a_C	53.9　At/mm

定　子			转　子		
相电压 E	1 905	V			
电枢电流 I_a	262	A	磁极磁通量 ϕ_p	84.1×10^{-3} Wb	
每极每相槽数 q	3.5		磁极磁通密度 B_p	1.44	T
槽数 Z	105		A_{Tf0}	5 606	At
每相串联导体数 N_{ph}	210		A_{Ta}	6 360	At
线圈节距 β	9/10.5(=0.857)		A_{Tf}	12 170	At
短距系数 k_p	0.975		励磁线圈匝数 T_f	62	
分布系数 k_d	0.956		满载励磁电流 I_f	196	A
电流密度 Δ_a	5.85	A/mm²	电流密度 Δ_f	4.36	A/mm²
导体宽度	3.5	mm	导体宽度	30	mm
导体高度	1.6	mm	导体高度	1.5	mm
导体并绕数	8		导体并绕数	1	
导体截面积 q_a	44.8	mm²	导体截面积 q_f	45	mm²
导体并联数	2		并联支路数	1	
并联支路数	1				
接法	Y				
卡特系数	1.096				
轭部磁通密度 B_c	1.28	T			
齿部磁通密度 B_{tm}	1.43	T			

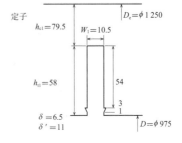

电路常数				
电枢电阻 R_a	0.1073	Ω	电阻值换算温度	115　℃
漏抗 X_1	0.694	Ω	磁场电阻 R_f	0.444 Ω

损　耗			运转特性		
铁损 W_F	15.1	kW	效率 η	94.7	%
机械损耗 W_m	6.1	kW	短路比	0.881	
电枢铜损 W_C	22.1	kW	空载励磁电流	90.4	A
励磁损耗 W_F	17.1	kW	三相短路时励磁电流	102.6	A
负载杂散损耗 W_S	6.6	kW			
总损耗 W_T	67	kW			

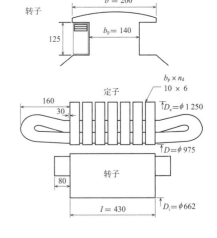

日期：	年　　月　　日	设计编号：	设计者：

第4章 三相感应电动机的设计

三相感应电动机的设计，可以采用与上一章所述的三相同步发电机设计相同的步骤。不同点在于，感应电动机的容量是作为机械输出提供的，后面有必要估算绕组的容量。而且，其励磁电流为交流，与负载电流同样由三相电源提供。此外，转子侧的结构也不同于三相同步电机，为绕线式或鼠笼式，所以转子的设计是全新的知识点，计算步骤是上一章未讲解的内容。

4.1 三相感应电动机的绕组形式

三相感应电动机的电枢（通常为定子）绕组与三相同步电机几乎完全相同，无需赘述。但感应电机无需改善波形，极少使用分数槽绕组，每极每相槽数 q 多选用整数。此外，感应电机的槽数一般比同步电机设计得多。

4.1.1 绕线式转子的绕组

转子绕组通常使用双层棒形绕组。转子绕组中，绝缘铜棒从铁心的一侧插入半开口槽，两端如图 4.1 所示接成波绕组。在这种情况下，槽上部的铜棒 A 和下部的铜棒 B 向相反的方向弯曲，恰好在相距极距大小时用金属件 C 对 A 和 B 进行焊接固定。

图 4.2 所示为 8 极 48 槽，即每极每相槽数 $q = 2$ 的双层棒形绕组的波绕组示例，其中只展示了一相的接线情况。可以看出，该绕组的右绕和左绕两组波绕组由 PQ 连接线在铁心外连接，滑环侧的连接结构相当复杂。为此，小容量电机有时会采用叠式波绕组。图 4.3 所示便是这方面的例子，各相每槽用一条特殊形状铜棒代替上下铜棒，连接右绕和左绕的绕组。这样一来，绕组不需在铁心外进行连接，而且中性线和滑环分别位于铁心的两端，绕组结构非常简洁。

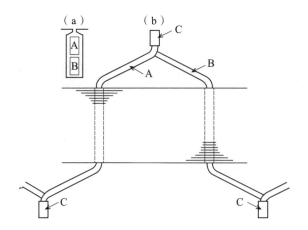

图 4.1 绕线式转子的一个线圈

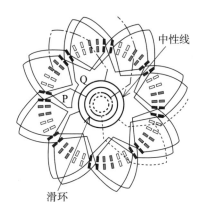

图 4.2 三相转子绕组图例（双层棒形绕组、波绕组）：8 极，48 槽，$q = 2$

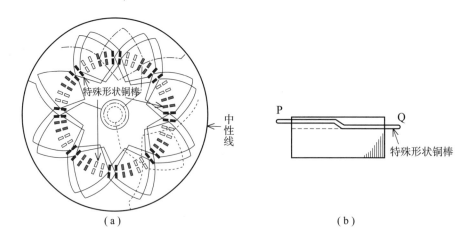

图 4.3 三相转子绕组图例（双层棒形绕组、叠式波绕组）：8 极，48 槽，$q = 2$

4.1.2　鼠笼式转子

小型鼠笼式转子一般如图 4.4（a）和（b）所示，在槽内插入圆形或方形铜棒，两端焊上端环。不过，更常见的是鼠笼式导体、端环和冷却风扇同时铸成的压铸铝转子，如图 4.4（c）所示。压铸铝转子多用于小型电动机，近年来也用于 500 kW 级电动机。

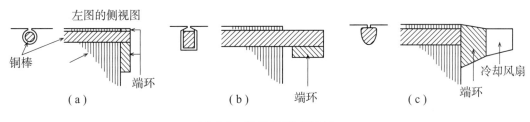

图 4.4　普通鼠笼式转子

图 4.5 为双鼠笼式转子，外侧鼠笼 A 是截面积较小的铜棒或电阻率较高的铜合金制成的高阻回路，内侧鼠笼 B 是截面积较大、漏感较大的低阻回路。转子启动时，高阻外侧鼠笼中的电流较大，有增大启动转矩并减小启动电流的效果。运转时，低阻内侧回路中的电流较大，可防止滑差及效率低下。使用深槽鼠笼式转子也有同样的效果，图 4.6（a）所示：在深槽中嵌入薄导体，由于启动时接近电源频率的交流电引起的趋肤效应，电流集中在从槽上部，有效电阻增大；稳定运转时频率变低，趋肤效应消失，电流均匀分布，变成低阻鼠笼，与双鼠笼式转子有同样的效果。图 4.6（b）也是一种深槽鼠笼式转子，但启动时电流集中的槽上部截面积更小，有效电阻明显增大，使启动转矩增大。一般来说，5.5 kW 以上的鼠笼式电动机均使用双鼠笼式或深槽鼠笼式转子。

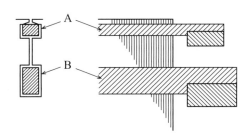

图 4.5　双鼠笼式转子

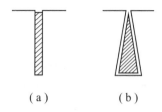

（a）　　　　　（b）

图 4.6　深槽鼠笼式转子的槽部截面

4.2　绕线式三相感应电动机的设计实例

▶ 输出功率 250 kW，极数 8，电压 3000 V，频率 50 Hz。

▶ 同步转速 750 r/min，连续运转，耐热等级 155（F）。

▶ 绕线式转子，防滴式，自行通风。

▶ 标准 JEC-2137-2000。

4.2.1　负荷分配

设计感应电动机时要注意，说明书中注明的容量是机械输出功率（kW），要估算绕组的容量（kV·A），就要先估算拟设计的电动机的效率和功率因数。这些值会随着输出功率和极数变化，可以参考图 4.7 中的数据：250 kW，8 极，预期功率因数 $\cos\varphi = 85\%$，效率 $\eta = 92\%$。

$$输入容量 = \frac{输出功率}{\eta\cos\varphi} = \frac{250}{0.92 \times 0.85} = 320\ （kV \cdot A）$$

设定子绕组采用 丫 接法（星形接法），则

满载电流　　$I_1 = \dfrac{320 \times 10^3}{\sqrt{3} \times 3000} = 61.6\ （A）$

每极容量　　$s = \dfrac{输入容量}{P} = \dfrac{320}{8} = 40\ （kV \cdot A）$

比容量　　　$\dfrac{s}{f \times 10^{-2}} = \dfrac{40}{0.5} = 80$

根据表 2.5，假设负荷分配常数 $\gamma = 1.3$，则 $\gamma/(1+\gamma) = 1.3/2.3 = 0.565$，由

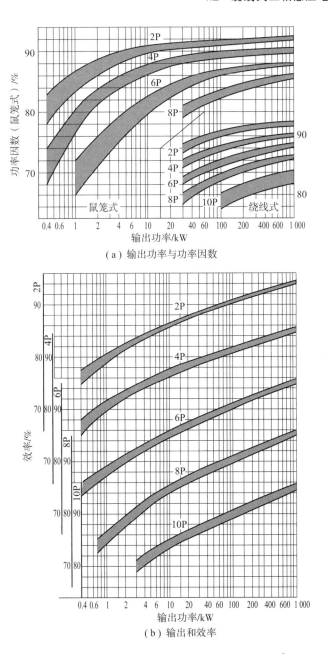

图 4.7 三相感应电动机的效率和功率因数 [1]

式（2.56）可得

$$\chi = \frac{\phi}{\phi_0} = \left(\frac{s}{f \times 10^{-2}} \right)^{0.565} = 80^{0.565} = 11.9$$

---

[1] 图中数据仅供参考，略大于标准值。输出功率与功率因数的值仅适用于 50 Hz 电机，60 Hz 电机的数值通常更出色。

根据表 2.5，选取基准磁负荷 $\phi_0 = 3.5 \times 10^{-3}$，则

$$磁负荷\ \phi = \chi\phi_0 = 11.9 \times 3.5 \times 10^{-3} = 41.7 \times 10^{-3}\ （\text{Wb}）$$

由于是星形接法，相电压为 $3000/\sqrt{3} = 1732\,\text{V}$。根据式（2.6），相串联导体数 N_{ph1}[①]为

$$N_{\text{ph1}} = \frac{E_1}{2.1\phi f} = \frac{1732}{2.1 \times 41.7 \times 10^{-3} \times 50} = 395.6$$

所以，预设 $N_{\text{ph1}} = 396$。

这里，选择定子每极每相槽数 $q_1 = 3$，则每相槽数 $Pq_1 = 8 \times 3 = 24$，总槽数 $Z_1 = 3Pq_1 = 3 \times 24 = 72$，用刚才的预设值试算每槽导体数为

$$\frac{N_{\text{ph1}}}{Pq_1} = \frac{396}{24} = 16.5$$

由于是双层绕组，所以每槽导体数必须是偶数，选择取 16，有 $N_{\text{ph1}} = 16 \times 24 = 384$。

第 1 槽到第 9 槽的距离为线圈节距，若短距只少一槽，则 $\beta = 8/9 = 0.889$。根据式（3.3），短距系数 $k_{\text{p1}} = 0.985$。当 $q = 3$ 时，根据表 2.1，分布系数 $k_{\text{d1}} = 0.96$，所以绕组系数为 $k_{\text{w1}} = 0.96 \times 0.985 = 0.946$。

将绕组系数代入式（3.4）可得磁负荷

$$\phi = \frac{1732}{2.22 \times 0.946 \times 384 \times 50} = 43 \times 10^{-3}$$

电负荷如下：

$$A_{\text{C}} = \frac{3N_{\text{ph1}}I_1}{P} = \frac{3 \times 384 \times 61.6}{8} = 8.87 \times 10^3$$

4.2.2　比负荷与主要尺寸

感应电动机的磁比负荷（最大气隙磁通密度）B_{g} 与电比负荷（气隙周边单位长度的电负荷）a_{c} 主要参照表 4.1 选择。

[①] 绕线式三相感应电动机的定子和转子都是三相绕组，所以对 E、I、N_{ph}、k_{p}、k_{w} 等参数的下角标中用数字 1 和 2 加以区别。

表 4.1 感应电动机的比负荷

机型 比负荷	小型	中型		大型
	低压	低压	高压	高压
电比负荷 a_c/（At/mm）	10 ~ 30	30 ~ 55	25 ~ 55	40 ~ 75
磁比负荷 B_g/T	0.6 ~ 0.9	0.6 ~ 0.9	0.7 ~ 0.9	0.7 ~ 0.9

本例选取 $a_c = 48$、$B_g = 0.85$，根据式（3.9），极距 τ 为

$$极距 \qquad \tau = \frac{\boldsymbol{A_C}}{a_c} = \frac{8.87 \times 10^3}{48} = 185 （mm）$$

$$定子内径 \qquad D = \frac{P\tau}{\pi} = \frac{8 \times 185}{\pi} = 471 （mm）$$

取 $D = 470 \, mm$，则 $\tau = 185 \, mm$、$a_c = 48$。

设气隙的旋转磁场分布呈正弦波，则式（3.7）中的 α_i（极弧有效长度与极距之比）为 $2/\pi$，所以

$$\phi = \frac{2}{\pi} \tau l_i B_g \times 10^{-6}$$

又因为

$$\tau l_i = \frac{\phi \times 10^6}{\frac{2}{\pi} \times B_g} = \frac{43 \times 10^{-3} \times 10^6}{\frac{2}{\pi} \times 0.85} = 79.5 \times 10^3 （mm^2）$$

所以，铁心的有效长度 l_i 为

$$l_i = \frac{(\tau l_i)}{\tau} = \frac{79.5 \times 10^3}{185} = 430 （mm）$$

为了冷却铁心和线圈，约每隔 $50 \, mm$ 设置 $n_d = 7$ 个宽 $b_d = 10 \, mm$ 的风道，则根据式（3.5）可得铁心净长 l 为

$$l = 430 - \frac{2}{3} \times 7 \times 10 = 383 （mm）$$

取铁心的净长 $l = 380 \, mm$。

根据式（3.6），铁心的外观长度 l_1 为

$$l_1 = l + n_d b_d = 380 + 7 \times 10 = 450 （mm）$$

所以，铁心的有效长度 $l_i = 427 \, mm$，$B_g = 0.855 \, T$，定子铁心如图 4.8 所示。

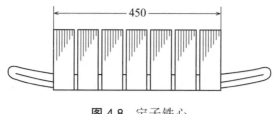

图 4.8　定子铁心

4.2.3　定子槽与铁心外径

感应电动机定子绕组的电流密度因绝缘的耐热等级和冷却方式而异，一般情况下防滴式（开放式）电机 $4\sim 7\,\mathrm{A/mm^2}$。这里设 $\Delta_1 = 6.5\,\mathrm{A/mm^2}$，因而导线截面积 q_{a1} 为

$$q_{a1} = \frac{I_1}{\Delta_1} = \frac{61.6}{6.5} = 9.5\ (\mathrm{mm^2})$$

假设采用厚 $1.4\,\mathrm{mm}$、宽 $3.5\,\mathrm{mm}$ 的漆包线双线并绕，则 $q_{a1} = 1.4 \times 3.5 \times 2 = 9.8\ (\mathrm{mm^2})$，所以 $\Delta_1 = 6.3\,\mathrm{A/mm^2}$。

加上漆包线涂层厚度 $0.1\,\mathrm{mm}$ 后的铜线尺寸为 $1.6\,\mathrm{mm} \times 3.7\,\mathrm{mm}$，槽内导线配置如图 4.9 所示，槽宽和槽深计算如下，这里假设 $3\,\mathrm{kV}$ 级绝缘所需的绝缘厚度为 $1.2\,\mathrm{mm}$。

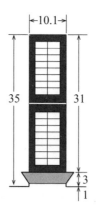

图 4.9　定子槽的尺寸

导线	$2 \times 3.7 = 7.4\,\mathrm{mm}$	导线	$16 \times 1.6 = 25.6\,\mathrm{mm}$
绝缘厚度	$2 \times 1.2 = 2.4\,\mathrm{mm}$	绝缘厚度	$4 \times 1.2 = 4.8\,\mathrm{mm}$
游隙	$0.3\,\mathrm{mm}$	游隙	$0.6\,\mathrm{mm}$
槽宽	$10.1\,\mathrm{mm}$	槽深	$31\,\mathrm{mm}$

此外,还要加上线圈固定楔的尺寸。从定子铁心内侧算起的深度 $h_{t1} = 35\,\text{mm}$,如图 4.9 所示。

定子铁心轭部的磁通密度 $B_c = 1.1 \sim 1.5\,\text{T}$。本例取 $B_{c1} = 1.4\,\text{T}$,与同步发电机的定子铁心相同。设磁轭高度为 h_{c1},有

$$h_{c1}l = \frac{\phi/2}{0.97B_{c1}} \times 10^6 = \frac{43 \times 10^{-3} \times 10^6}{2 \times 0.97 \times 1.4} = 15.8 \times 10^3\ (\text{mm}^2)$$

$l = 380\,\text{mm}$,因此 $h_{c1} = 15.8 \times 10^3/380 = 41.6\,\text{mm}$,定子铁心外径为 $D_e = 470 + 2(35 + 41.6) = 623\,\text{mm}$。取 $D_e = 620\,\text{mm}$,则 $h_{c1} = 40\,\text{mm}$、$B_{c1} = 1.46\,\text{T}$,确定下来的铁心尺寸如图 4.10 所示。

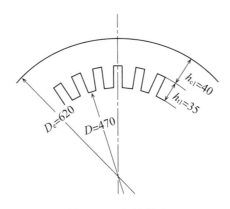

图 4.10 定子铁心

4.2.4 气隙长度

感应电动机的气隙长度 δ 与感应电机的主要特性——功率因数有着密不可分的关系。随着气隙长度的增大,感应电机的励磁电流增大,功率因数就会下降。因此,与同步电机及直流电机相比,感应电机要减小气隙。要注意的是,气隙长度减小意味着制造过程中容易出现气隙长度不均,导致磁场不均衡,继而引发电磁振动与电磁噪声。

励磁电流 I_{0m} 对应的每极安培导体数 A_{C0m} 为

$$A_{C0m} = \frac{3N_{ph1}I_{0m}}{P} \tag{4.1}$$

根据式（3.10），安匝数 A_{C0m} 为

$$A_{\mathrm{T0m}} = 0.45 k_{\mathrm{w}} A_{\mathrm{C0m}} \tag{4.2}$$

设气隙长度为 δ（mm），气隙磁通密度为 B_{g}（T），根据式（3.17），包含磁路铁心部分所需的磁动势在内，需要的安匝数可表示为

$$A_{\mathrm{T0m}} = 0.8 K_{\mathrm{c}} K_{\mathrm{s}} B_{\mathrm{g}} \delta \times 10^3 \tag{4.3}$$

根据

$$A_{\mathrm{C0m}} = \frac{A_{\mathrm{T0m}}}{0.45 k_{\mathrm{w}}} = \frac{0.8 K_{\mathrm{c}} K_{\mathrm{s}} \times 10^3}{0.45 k_{\mathrm{w}}} B_{\mathrm{g}} \delta$$

气隙长度可以确定为

$$\rho = \frac{I_1}{I_{0m}} = \frac{\boldsymbol{A}_{\mathrm{C}}}{A_{\mathrm{C0m}}} = \frac{0.45 k_{\mathrm{w}} \times 10^{-3}}{0.8 K_{\mathrm{c}} K_{\mathrm{s}}} \times \frac{\boldsymbol{A}_{\mathrm{C}}}{B_{\mathrm{g}} \delta}$$

$$\therefore \quad \delta = \frac{0.45 k_{\mathrm{w}} \times 10^{-3}}{0.8 K_{\mathrm{c}} K_{\mathrm{s}} \rho} \times \frac{\boldsymbol{A}_{\mathrm{C}}}{B_{\mathrm{g}}} = c \times 10^{-3} \times \frac{\boldsymbol{A}_{\mathrm{C}}}{B_{\mathrm{g}}} \tag{4.4}$$

这里，$c = 0.45 k_{\mathrm{w}}/(0.8 K_{\mathrm{c}} K_{\mathrm{s}} \rho)$，在感应电机中通常取 $c = 0.08 \sim 0.15$。

本例 $\boldsymbol{A}_{\mathrm{C}} = 8.87 \times 10^3$、$B_{\mathrm{g}} = 0.855\,\mathrm{T}$，取 $c = 0.12$，有

$$\delta = 0.12 \times 10^{-3} \times \frac{8.87 \times 10^3}{0.855} = 1.24 \text{（mm）}$$

取 $\delta = 1.3\,\mathrm{mm}$。

4.2.5　转子铁心

进行转子设计需要估算转子电流。设转子电流为 I_2，静止时转子绕组的相感应电压为 E_2，根据感应电机理论，二次输入功率的（$1-s$）倍与机械输出功率相等，所以

$$\text{输出功率} = (1-s) \times 3 E_2 I_2 \cos \varphi_2 \tag{4.5}$$

式中，s 为滑差；$\cos \varphi_2$ 为转子回路的功率因数。

通常情况下 $(1-s) \times \cos \varphi_2 \approx 0.9$，所以

$$I_2 = \frac{\text{输出功率}}{0.9 \times 3 \times E_2} \quad\quad (4.6)$$

设定子绕组和转子绕组的每相串联导体数分别为 N_{ph1} 和 N_{ph2}，则它们的相电压 E_1 和 E_2 之间的关系如下：

$$\frac{E_2}{E_1} = \frac{k_{w2}N_{ph2}}{k_{w1}N_{ph1}} \quad\quad (4.7)$$

即确定 N_{ph2} 后，就可以算出 E_2。

如果转子槽数和定子槽数完全相同，即使给定子绕组施加电压，转子也会静止在定转子齿部相对位置，无法启动。所以，转子每极每相槽数 q_2 和定子每极每相槽数 q_1 的关系一般为

$$q_2 = q_1 \pm 1$$

本例设 $q_2 = q_1 + 1 = 3 + 1 = 4$，故 $Pq_2 = 8 \times 4 = 32$，转子总槽数 $Z_2 = 3Pq_2 = 3 \times 32 = 96$。绕线式转子除了特小型，导线都是通过笔直的带状零件嵌入槽中，线圈末端弯曲成波绕组，所以槽中导体很少，多为两条。若本例也采用这种方式，则相串联导体数 N_{ph2} 为

$$N_{ph2} = P \times 2 \times q_2 = 8 \times 2 \times 4 = 64$$

由于转子绕组为整距绕组，短距系数 $k_{p2} = 1$，根据表 2.1 选取 $q = 4$ 对应的值求得分布系数为 $k_{d2} = 0.958$，所以

$$k_{w2} = k_{d2} \times k_{p2} = 0.958$$

根据式（4.7），转子绕组的相静止感应电压为

$$E_2 = \frac{k_{w2}N_{ph2}}{k_{w1}N_{ph1}} \times E_1 = \frac{0.958 \times 64}{0.946 \times 384} \times 1732 = 292 \text{（V）}$$

采用星形接法时，线感应电压 $V_2 = \sqrt{3} \times 292 = 506$（V）。

根据式（4.6），满载时的转子电流为

$$I_2 = \frac{250 \times 10^3}{0.9 \times 3 \times 292} = 317 \text{（A）}$$

转子导线与定子导线的电流密度基本相同，$\Delta_2 = 4 \sim 7\,\mathrm{A/mm^2}$。取 $\Delta_2 = 6\,\mathrm{A/mm^2}$，则导线截面积 $q_{\mathrm{a}2}$ 为

$$q_{\mathrm{a}2} = \frac{I_2}{\Delta_2} = \frac{317}{6} = 52.8\ (\mathrm{mm^2})$$

使用 $4\,\mathrm{mm} \times 14\,\mathrm{mm}$ 铜扁线时，则 $q_{\mathrm{a}2} = 4 \times 14 = 56\,\mathrm{mm^2}$，$\Delta_2 = 317/56 = 5.7\ (\mathrm{A/mm^2})$。

用 $1\,\mathrm{mm}$ 厚的绝缘胶布对扁线进行绝缘处理，如图 4.11 所示，槽尺寸如下。这里设转子所需的绝缘厚度为 $1\,\mathrm{mm}$。

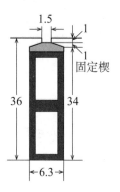

图 4.11　转子槽

导线	$1 \times 4 = 4\,\mathrm{mm}$	导线	$2 \times 14 = 28\,\mathrm{mm}$
绝缘厚度	$2 \times 1 = 2\,\mathrm{mm}$	绝缘厚度	$4 \times 1 = 4\,\mathrm{mm}$
游隙	$0.3\,\mathrm{mm}$	固定楔及游隙	$2\,\mathrm{mm}$
槽宽	$6.3\,\mathrm{mm}$	槽深	$34\,\mathrm{mm}$

加上槽入口部分的尺寸，总深度为 $36\,\mathrm{mm}$。

如图 4.12 所示，转子铁心内径 D_{i} 为

$$D_{\mathrm{i}} = D - 2(h_{\mathrm{t}2} + h_{\mathrm{c}2} + \delta)$$

轭部磁通密度 $B_{\mathrm{c}} = 1.1 \sim 1.5\,\mathrm{T}$。取 $B_{\mathrm{c}2} = 1.35\,\mathrm{T}$，有

$$h_{\mathrm{c}2}l = \frac{\phi/2}{0.97 B_{\mathrm{c}}} \times 10^6 = \frac{43 \times 10^{-3} \times 10^6}{2 \times 0.97 \times 1.35} = 16.4 \times 10^3\ (\mathrm{mm^2})$$

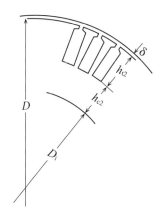

图 4.12 转子铁心

式中，l 为转子铁心的净长。

通常情况下，l 与定子铁心的长度相同。设 $l = 380\,\mathrm{mm}$，则

$$h_{c2} = \frac{h_{c2}l}{l} = \frac{16.4 \times 10^3}{380} = 43.2 \;(\mathrm{mm})$$

所以

$$D_i = 470 - 2 \times (36 + 43.2 + 1.3) = 309 \;(\mathrm{mm})$$

取 $D_i = 310\,\mathrm{mm}$，则 $h_{c2} = 42.7\,\mathrm{mm}$，$B_{c2} = 1.36\,\mathrm{T}$。

电刷的电流密度 Δ_b 因电刷材质而异，但仅在启动时通过接启动电阻器，运行时会通过滑环短路。$\Delta_b = 0.15 \sim 0.25\,\mathrm{A/mm^2}$，这里取 $\Delta_b = 0.2\,\mathrm{A/mm^2}$，则电刷所需的截面积 q_b 为

$$q_b = \frac{I_2}{\Delta_b} = \frac{317}{0.2} = 1.59 \times 10^3 \;(\mathrm{mm^2})$$

因此，如图 4.13 所示，每相使用两个 $40\,\mathrm{mm} \times 20\,\mathrm{mm}$ 电刷成一组。设滑环宽 $30\,\mathrm{mm}$，则电刷的电流密度为

$$\Delta_b = \frac{I_2}{q_b} = \frac{317}{40 \times 20 \times 2} = 0.198 \;(\mathrm{A/mm^2})$$

感应电动机可以通过在运转中改变二次电阻来进行速度控制。但是，在这种情况下，不仅启动时，运转过程中也有电流通过电刷，所以电刷的电流密度要控

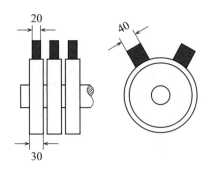

图 4.13   电刷和滑环

制在 $0.06 \sim 0.12\,\mathrm{A/mm^2}$。对此，在增加电刷的同时，还要选用接触电阻和电阻率较小的金属石墨电刷。

静止时滑环间电压与之前计算的线电压相同，由于转子绕组采用星形接法，所以 $\sqrt{3}E_2 = \sqrt{3} \times 292 = 506$（V）。

4.2.6   电阻与漏抗

● 电 阻

定子和转子的绕组电阻可以采用与同步发电机同样的计算方法。根据式（3.26），导线长度为

$$l_\mathrm{a} = l_1 + 1.75\tau = 450 + 1.75 \times 185 = 774（\mathrm{mm}）= 0.774（\mathrm{m}）$$

根据式（3.27），115 ℃下的定子绕组相电阻为

$$R_1 = \rho_{115} \times \frac{N_{\mathrm{ph1}} \times l_\mathrm{a}}{q_{\mathrm{a1}}} = 0.0237 \times \frac{384 \times 0.774}{9.8} = 0.719（\Omega）$$

又因转子绕组的导线长度同定子绕组，相电阻可用同样的方法计算：

$$R_2 = 0.0237 \times \frac{64 \times 0.774}{56} = 0.0210（\Omega）$$

将转子绕组的电阻值换算到一次侧：

$$R_2' = \left(\frac{k_{\mathrm{w1}}N_{\mathrm{ph1}}}{k_{\mathrm{w2}}N_{\mathrm{ph2}}}\right)^2 \times R_2 = \frac{(0.946 \times 384)^2}{(0.958 \times 64)^2} \times 0.0210 = 0.737（\Omega）$$

设一次侧总电阻为 R，则

$$R = R_1 + R_2' = 0.719 + 0.737 = 1.46（\Omega）$$

所以，铜损计算如下：

定子铜损　　$W_{C1} = 3 \times I_1^2 \times R_1 = 3 \times 61.6^2 \times 0.719 = 8.19 \times 10^3（W）$

转子铜损　　$W_{C2} = 3 \times I_2^2 \times R_2 = 3 \times 317^2 \times 0.0210 = 6.33 \times 10^3（W）$

总铜损　　$W_C = W_{C1} + W_{C2} = 8.19 \times 10^3 + 6.33 \times 10^3 = 14.5 \times 10^3（W）$

但是，后面还要根据特性计算得出的效率和功率因数修正电流值，所以最后还要修正铜损。

● 漏　抗

感应电动机绕组的漏抗计算可以采用与同步发电机相同的思路，但要考虑感应电机特有的谐波漏抗。感应电机的气隙小，气隙磁通量分布除基波磁通量以外，还包含多种谐波磁通量。根据这些基波和谐波分析定子和转子绕组中感应产生的电动势和频率的关系可知，谐波磁通量恰好起着与漏磁通相同的作用。这被称为谐波漏抗，可以进行理论计算。感应电机的漏抗可用下式计算：

$$X = 7.9 \times f \times \frac{N_{ph}^2}{P} \times (\Lambda_s + \Lambda_e + \Lambda_h) \times 10^{-9} \tag{4.8}$$

式中，槽漏磁通对应的 Λ_s 可以通过式（3.29）~ 式（3.31）计算，线圈端部漏磁通对应的 Λ_e 可以通过式（3.32）计算，谐波漏抗对应的 Λ_h 可通过下式计算：

$$\Lambda_h = \frac{3\tau l}{\pi^2 K_c K_s \delta} \times K_h \tag{4.9}$$

K_h 可以通过 q 和 τ_c/τ（τ_c 为线圈节距）求出，K_c 为卡特系数，K_s 为饱和系数，参见表 4.2。

先计算槽漏磁通。根据确定好的槽尺寸和式（3.30），有

$$\lambda_{s1} = \frac{h_1}{3b_1} + \frac{h_2}{b_1} = \frac{31 - 2 \times 1.2}{3 \times 10.1} + \frac{1.2 + 3 + 1}{10.1} = 0.944 + 0.515 = 1.46$$

根据式（3.29）：

$$\Lambda_{s1} = \frac{l}{q_1} \times \lambda_{s1} = \frac{380}{3} \times 1.46 = 185$$

表 4.2　感应电动机三相绕组的谐波漏抗系数

$q = 2$		$q = 3$		$q = 4$		$q = 5$	
τ_c/τ	K_h	τ_c/τ	K_h	τ_c/τ	K_h	τ_c/τ	K_h
6/6	0.0284	9/9	0.014	12/12	0.0089	15/15	0.0064
5/6	0.0235	8/9	0.0115	11/12	0.0074	14/15	0.0055
4/6	0.0284	7/9	0.0111	10/12	0.0063	13/15	0.0044
		6/9	0.014	9/12	0.0069	12/15	0.0041
				8/12	0.0089	11/15	0.005
						10/15	0.0064

至于转子绕组，由于是半开口槽，根据式（3.31）和确定的槽尺寸，有

$$\lambda_{s2} = \frac{34 - 2 \times 1}{3 \times 6.3} + \frac{1}{6.3} + \frac{2 \times 1}{6.3 + 1.5} + \frac{1}{1.5} = 1.69 + 0.16 + 0.26 + 0.67$$
$$= 2.78$$

$$\Lambda_{s2} = \frac{380}{4} \times 2.78 = 264$$

线圈端部漏磁通可通过式（3.32）计算。定子绕组的 $k_p = 0.985$、$h = 20\,\mathrm{mm}$、$m = 90\,\mathrm{mm}$，故而

$$\Lambda_{e1} = 1.13 \times 0.985^2 \times (20 + 0.5 \times 90) = 71$$

转子绕组的 $k_p = 1$、$h = 20\,\mathrm{mm}$、$m = 80\,\mathrm{mm}$，故而

$$\Lambda_{e2} = 1.13 \times 1^2 \times (20 + 0.5 \times 80) = 68$$

谐波漏抗通过式（4.9）计算，需要卡特系数 K_c。卡特系数表示的是槽开口部分的影响，由槽的开口大小、气隙长度和槽距决定。采用开口槽的高压电动机的 $K_c = 1.3 \sim 1.6$，采用半开口槽的低压电动机的 $K_c = 1.1 \sim 1.3$。感应电机的定子和转子的槽数相等，因此卡特系数为

$$K_c = K_{c1} \times K_{c2} \tag{4.10}$$

K_{c1} 和 K_{c2} 分别根据定子和转子的槽尺寸，通过式（3.21）计算。本例定子

侧 $t_a = \pi D / 3Pq = \pi \times 470/72 = 20.5\,\text{mm}$，$b_s = 10.1\,\text{mm}$，$\delta = 1.3\,\text{mm}$，所以：

$$K_{c1} = \frac{20.5}{20.5 - 1.3 \times \frac{(10.1/1.3)^2}{5+10.1/1.3}} = 1.43$$

转子侧 $t_a = \pi \times 470/72 = 15.4\,\text{mm}$，$b_s = 1.5\,\text{mm}$，所以

$$K_{c2} = \frac{15.4}{15.4 - 1.3 \times \frac{(1.5/1.3)^2}{5+1.5/1.3}} = 1.02$$

由此，$K_c = K_{c1} \times K_{c2} = 1.43 \times 1.02 = 1.46$。饱和系数 K_s 表示的是铁心的磁饱和程度，取决于铁心中的磁通密度和所用电磁钢板的材质。一般情况下，$K_s = 1.05 \sim 1.3$，这里取饱和系数 $K_s = 1.1$。K_h 可由表 4.2 求出，定子绕组为 0.0115，转子绕组为 0.0089，故而

$$\Lambda_{h1} = \frac{3 \times 185 \times 380}{\pi^2 \times 1.46 \times 1.1 \times 1.2} \times 0.0115 = 128$$

$$\Lambda_{h2} = \frac{3 \times 185 \times 380}{\pi^2 \times 1.46 \times 1.1 \times 1.2} \times 0.0089 = 90$$

根据以上计算，定子绕组的相漏抗为

$$X_1 = 7.9 \times 50 \times \frac{384^2}{8} \times (185 + 71 + 128) \times 10^{-9} = 2.8\ (\Omega)$$

转子绕组的相漏抗为

$$X_2 = 7.9 \times 50 \times \frac{64^2}{8} \times (264 + 68 + 99) \times 10^{-9} = 0.0872\ (\Omega)$$

将转子绕组的漏抗换算到一次侧：

$$X_2' = \left(\frac{k_{w1} N_{ph1}}{k_{w2} N_{ph2}}\right)^2 \times X_2 = \frac{(0.946 \times 384)^2}{(0.958 \times 64)^2} \times 0.0872 = 3.06\ (\Omega)$$

设一次侧的总漏抗为 X，则有

$$X = X_1 + X_2' = 2.8 + 3.06 = 5.86\ (\Omega)$$

所以，最大电流 I_m' 为

$$I_m' = \frac{E_1}{X} = \frac{1732}{5.86} = 296\ (\text{A})$$

约束阻抗 Z_s 为

$$Z_\mathrm{s} = \sqrt{R^2 + X^2} = \sqrt{1.46^2 + 5.86^2} = 6.04 \ （\Omega）$$

约束功率因数 $\cos\varphi_\mathrm{s}$ 为

$$\cos\varphi_\mathrm{s} = \frac{R}{Z_\mathrm{s}} = \frac{1.46}{6.04} = 0.242$$

4.2.7　励磁电流与铁损

● 励磁电流

感应电机的励磁电流 $I_{0\mathrm{m}}$ 对应的安匝数可像式（4.2）和式（4.3）那样表示：

$$A_{\mathrm{T0m}} = 0.45 k_{\mathrm{w}1} A_{\mathrm{C0m}} = 0.8 K_\mathrm{c} K_\mathrm{s} B_\mathrm{g} \delta \times 10^3$$

根据式（4.1）可得：

$$0.45 \times \frac{3 k_{\mathrm{w}1} N_{\mathrm{ph}1} I_{0\mathrm{m}}}{P} = 0.8 K_\mathrm{c} K_\mathrm{s} B_\mathrm{g} \delta \times 10^3$$

计算如下：

$$I_{0\mathrm{m}} = 0.593 \times K_\mathrm{c} K_\mathrm{s} \frac{P B_\mathrm{g} \delta}{k_{\mathrm{w}1} N_{\mathrm{ph}1}} \times 10^3 \qquad （4.11）$$

右边各项均已求出，代入式中可得：

$$I_{0\mathrm{m}} = 0.593 \times 1.46 \times 1.1 \times \frac{8 \times 0.855 \times 1.3}{0.946 \times 384} \times 10^3 = 23.3 \ （\mathrm{A}）$$

● 铁　损

感应电机的铁损主要发生在定子侧；转子侧的频率低，产生的铁损可以忽略不计。定子侧铁损的计算方法与同步电机相同。

定子铁心尺寸如图 4.10 所示，轭部体积为

$$V_{\mathrm{Fc}} = \frac{\pi}{4}[620^2 - (470 + 2 \times 35)^2] \times 380 = 27.7 \times 10^6 \ （\mathrm{mm}^2）$$

使用 50A470 钢板，厚度 $d = 0.5\,\mathrm{mm}$，质量为

$$G_{\mathrm{Fc}} = 0.97 \times 7.7 \times 27.7 = 207 \ （\mathrm{kg}）$$

根据式（1.4）计算每 1 kg 铁心产生的铁损，本例 $B_{c1} = 1.46$ T。按表 1.2，式中的系数 σ_{Hc} 和 σ_{Ec} 分别取 3.53 和 28.2，所以

$$w_{fc} = 1.46^2 \times \left[3.53 \times \frac{50}{100} + 28.2 \times 0.5^2 \times \left(\frac{50}{100} \right)^2 \right] = 6.72 \text{（W/kg）}$$

所以轭部的铁损为

$$W_{Fc} = w_{fc} \times G_{Fc} = 7.52 \times 207 = 1.56 \times 10^3 \text{（W）}$$

根据图 4.10，齿部体积为

$$V_{Ft} = \frac{\pi}{4} [(470 + 2 \times 35)^2 - 470^2] \times 380 - 35 \times 10.1 \times 380 \times 72$$

$$= 11.4 \times 10^6 \text{（mm}^2\text{）}$$

质量 G_{Ft} 为

$$G_{Ft} = 0.97 \times 7.7 \times 11.4 = 85 \text{（kg）}$$

齿部铁损根据式（1.5）和表 1.2 计算，先通过式（3.24）求出齿部平均磁通密度 B_{tm}。

$$Z_{max} = t_b - b_s = \frac{\pi(D + 2h_{t1})}{3Pq_1} - b_s = \frac{\pi \times (470 + 2 \times 35)}{72} - 10.1$$

$$= 13.5 \text{（mm）}$$

$$Z_{min} = t_a - b_s = \frac{\pi D}{3Pq_1} - b_s = \frac{\pi \times 470}{72} - 10.1 = 10.4 \text{（mm）}$$

$$\therefore \quad Z_m = \frac{Z_{max} + 2 \times Z_{min}}{3} = \frac{13.5 + 2 \times 10.4}{3} = 11.4 \text{（mm）}$$

所以齿部平均磁通密度为

$$B_{tm} = 0.98 \times \frac{20.5 \times 427}{11.4 \times 380} \times 0.855 = 1.69 \text{（T）}$$

按表 1.2，$\sigma_{Ht} = 5.88$，$\sigma_{Et} = 49.4$，所以根据式（1.5），每 1 kg 的铁损为

$$w_{ft} = 1.69^2 \times \left[5.88 \times \frac{50}{100} + 49.4 \times 0.5^2 \times \left(\frac{50}{100} \right)^2 \right] = 17.2 \text{（W/kg）}$$

所以齿部铁损为

$$W_{Ft} = w_{ft} \times G_{Ft} = 17.2 \times 85 = 1.46 \times 10^3 \text{（W）}$$

总铁损 W_F 为

$$W_F = W_{Fc} + W_{Ft} = (1.56 + 1.46) \times 10^3 = 3.02 \times 10^3 \text{（W）}$$

4.2.8　机械损耗

大部分机械损耗可视为风损，根据式（1.11）计算。根据同步速度 N_s，转子圆周速度为

$$v_a = \pi D \times \frac{N_s}{60} \times 10^{-3} = \pi \times 470 \times \frac{750}{60} \times 10^{-3} = 18.5 \, \text{m/s}$$

所以，机械损耗为

$$W_m = 8 \times 470 \times (450 + 150) \times 18.5^2 \times 10^{-6} = 0.77 \times 10^3 \text{W}$$

4.2.9　空载电流

空载电流的有效部分 I_{0w} 为

$$I_{0w} = \frac{W_F + W_m}{\sqrt{3}V_1} = \frac{(2.85 + 0.77) \times 10^3}{\sqrt{3} \times 3000} = 0.7 \text{（A）}$$

所以，空载电流 I_0 为

$$I_0 = \sqrt{I_{0w}^2 + I_{0m}^2} = \sqrt{0.7^2 + 23.3^2} = 23.3 \text{（A）}$$

空载功率因数为

$$\cos \varphi_0 = \frac{I_{0w}}{I_0} = \frac{0.7}{23.3} = 0.03$$

4.2.10　等效电路与特性

● 等效电路和常数

感应电动机的等效电路，有简化计算的 L 形等效电路（图 4.14）和考虑铁损电阻的高精度 T 形等效电路等。这里，以图 4.15 所示的省略铁损电阻的 T 形等效电路为例进行讲解。

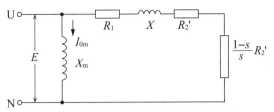

X_m：励磁电抗；X：漏抗；R_1：一次电阻
R_2'：从一次侧看到的二次电阻

图 4.14 L 形等效电路（一相）

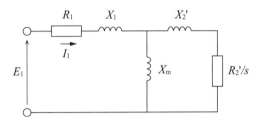

图 4.15 T 形等效电路

在这个等效电路中，一相的空载阻抗 Z_0 为

$$Z_0 = \frac{E_1}{I_0} = \frac{1732}{23.3} = 74.3 \ (\Omega)$$

空载时滑差 s 较小，可以用 $Z_0 = \sqrt{R_1^2 + (X_1 + X_m)^2}$ 表示，所以励磁电抗 X_m 为

$$X_m = \sqrt{Z_0^2 - R_1^2} - X_1 = \sqrt{74.3^2 - 0.719^2} - 2.8 = 71.5 \ (\Omega)$$

● 特性计算

利用上述计算得到的电路常数：$R_1 = 0.719\,\Omega$，$R_2' = 0.737\,\Omega$，$X_1 = 2.8\,\Omega$，$X_2' = 3.06\,\Omega$，$X_m = 71.5\,\Omega$，进行下述特性计算。

运转时的特性要根据滑差 s 的函数进行计算。

250 kW 电动机的滑差一般为 $2\% \sim 3\%$，这里假设 $s = 0.023$。

在图 4.15 所示的等效电路中，电阻 R 和电抗 X 为

$$R = R_1 + \frac{A}{A^2 + (X_m + B)^2}$$

$$X = X_1 + \frac{X_{\mathrm{m}} + B}{A^2 + (X_{\mathrm{m}} + B)^2}$$

式中，$A = \frac{R_2'/s}{(R_2'/s)^2 + X_2'^2}$，$B = \frac{X_2'}{(R_2'/s)^2 + X_2'^2}$，$R_2'/s = 0.737/0.023 = 32$，所以：

$$A = \frac{R_2'/s}{(R_2'/s)^2 + X_2'^2} = \frac{32}{32^2 + 3.06^2} = 0.031$$

$$B = \frac{X_2'}{(R_2'/s)^2 + X_2'^2} = \frac{3.06}{32^2 + 3.06^2} = 0.00296$$

因此，

$$R = R_1 + \frac{A}{A^2 + (1/X_{\mathrm{m}} + B)^2} = 0.719 + \frac{0.031}{0.031^2 + (1/71.5 + 0.00296)^2}$$

$$= 25.6 \ (\Omega)$$

$$X = \frac{1/X_{\mathrm{m}} + B}{A^2 + (1/X_{\mathrm{m}} + B)^2} = \frac{1/71.5 + 0.00296}{0.031^2 + (1/71.5 + 0.00296)^2} = 13.6 \ (\Omega)$$

总阻抗为 $Z = \sqrt{R^2 + X^2} = 29\,\Omega$，所以

$$I_1 = \frac{E_1}{Z} = \frac{1732}{29} = 59.7 \ (\mathrm{A})$$

一次输入功率（电动机输入功率）为 $P_{\mathrm{i}} = 3I_1^2 R = 3 \times 59.7^2 \times 25.6 = 274 \times 10^3 \mathrm{W}$，因为

$$I_2' = I_1 \times \sqrt{\frac{A^2 + B^2}{A^2 + (1/X_{\mathrm{m}} + B)^2}}$$

所以：

$$I_2' = 59.7 \times \sqrt{\frac{0.031^2 + 0.00296^2}{0.031^2 + (1/71.5 + 0.00296)^2}} = 52.6 \ (\mathrm{A})$$

铜损分别为

$$W_{\mathrm{C1}} = 3 \times 59.7^2 \times 0.719 = 7.69 \times 10^3 \ (\mathrm{W})$$

$$W_{\mathrm{C2}} = 3 \times 52.6^2 \times 0.737 = 6.12 \times 10^3 \ (\mathrm{W})$$

又因负载杂散损耗 W_{s} 在 JEC-2137-2000 标准中被定义为输出功率的 $0.5\,\%$，所以

$$W_{\mathrm{s}} = 250 \times 10^3 \times 0.005 = 1.25 \times 10^3 \ (\mathrm{W})$$

加上已经计算过的其他损耗，总损耗 W_t 为

$$W_t = W_{C1} + W_{C2} + W_F + W_m + W_s = (7.69 + 6.12 + 3.02 + 0.77 + 1.25) \times 10^3$$
$$= 18.9 \times 10^3 \text{（W）}$$

电动机输入功率 P_i 与总损耗之差就是电动机输出功率 P_o，所以

电动机输出功率　　　$P_o = P_i - W_t = (274 - 18.9) \times 10^3 = 255 \times 10^3 \text{（W）}$

修正滑差，使电动机输出功率的计算结果与额定输出功率 $250\,\text{kW}$ 一致，再次进行同样的计算。

这里，修正为 $s = 0.0224$ 后重新计算，可以得到电动机输出功率为 $250\,\text{kW}$。计算结果为

$$R = 25.9\,\Omega,\ X = 14\,\Omega,\ Z = 29.5\,\Omega,\ I_1 = 58.7\,\text{A},\ I_2' = 51.6\,\text{A}$$

$$W_{C1} = 7.44 \times 10^3\text{W},\ W_{C2} = 5.89 \times 10^3\text{W},\ W_t = 18.4 \times 10^3\text{W}$$

最后，运转特性计算值为

效率　　　$\eta = \dfrac{250}{250 + 18.4} \times 100\% = 93.1\%$

功率因数　　$\cos\phi = \dfrac{R}{Z} = \dfrac{25.9}{29.5} \times 100\% = 87.8\%$

滑差　　　$s = 0.0224 = 2.24\%$

这时，转速 n 为

$$n = \text{同期转速 } n_s \times (1 - s) = 750 \times (1 - 0.0224) = 733\,\text{（r/min）}$$

电动机的最大转矩 T_m 为

$$T_m = 3 \times \frac{E_1^2}{2 \times (R_1 + \sqrt{R_1^2 + (X_1 + X_2')^2})}$$

$$= 3 \times \frac{1732^2}{2 \times (0.719 + \sqrt{0.719^2 + (2.8 + 3.06)^2})}$$

$$= 679 \times 10^3 \text{（同步功率）} = \frac{679}{250} \times 100\% = 272\%$$

电动机的额定转矩为

$$T_r = 9.55 \times \frac{P}{n} = 9.55 \times \frac{250 \times 10^3}{733} = 3.26 \times 10^3 \ (\text{N} \cdot \text{m})$$

4.2.11 温 升

感应电机的定子温升可用与同步电机相同的方式，通过式（3.33）计算。式中散热面积 O_s 和内部损耗 W_i 在本例中分别为

$$O_s = \frac{\pi}{4}(620^2 - 470^2) \times (2 + 7) + \pi \times (620 + 470) \times 450$$
$$= 2.70 \times 10^6 \ (\text{mm}^2) = 2.7 \ (\text{m}^2)$$
$$W_{i1} = (3.02 + \frac{450}{774} \times 7.44) \times 10^3 = 7.35 \times 10^3 \ (\text{W})$$

对外部空气的传热系数 $\kappa = 30 \, \text{W}/(\text{m}^2 \cdot \text{K})$，温升 θ_s 为

$$\theta_s = \frac{7.35 \times 10^3}{30 \times 2.7} = 90.7 \ (\text{K})$$

绕组温升比这个值高 $5 \, \text{K}$，估算约 $96 \, \text{K}$。

接下来，用同样的方法求转子温升：

$$O_r = \frac{\pi}{4}(470^2 - 310^2) \times (2 + 7) + \pi \times (470 + 310) \times 450 = 1.98 \times 10^6 \ (\text{mm}^2)$$
$$= 1.98 \ (\text{m}^2)$$

转子中产生的损耗，除铜损外还包括机械损耗和负载杂散损耗：

$$W_{i2} = (0.77 + 1.25 + \frac{450}{774} \times 5.89) \times 10^3 = 5.44 \times 10^3 \ (\text{W})$$

对外部空气的传热系数是 $\kappa = 30 \, \text{W}/(\text{m}^2 \cdot \text{K})$，温升 θ_r 为

$$\theta_r = \frac{5.44 \times 10^3}{30 \times 1.98} = 91.6\text{K}$$

绕组温升比这个值高 $5 \, \text{K}$，估算约为 $97 \, \text{K}$。根据表 1.4，耐热等级 155（F）的温升限值为 $105 \, \text{K}$，所以定子和转子的绕组温升计算结果均未超过温升限值。

4.2.12　主要材料的用量

● 铜质量

定子绕组的铜质量 G_{C1} 为

$$G_{C1} = 3 \times 8.9 \times 9.8 \times 384 \times 774 \times 10^{-6} = 77.8 \text{（kg）}$$

实际用量为 $78\,\text{kg}$。

同样，转子绕组的铜质量 G_{C2} 为

$$G_{C2} = 3 \times 8.9 \times 56 \times 64 \times 774 \times 10^{-6} = 74.1 \text{（kg）}$$

实际用量为 $75\,\text{kg}$。

● 铁质量

包括槽和气隙部分在内的铁心质量 G_F 为

$$G_F = 0.97 \times 7.7 \times \frac{\pi}{4} \times (620^2 - 310^2) \times 380 \times 10^{-6} = 642 \text{（kg）}$$

实际用量为 $650\,\text{kg}$。

4.2.13　设计表

以上计算结果汇总为表 4.3。

4.3　鼠笼式三相感应电动机的设计实例

鼠笼式电动机设计的计算步骤与绕线式电动机相同，只有转子的设计略有不同。这里以压铸铝转子小型电动机为例进行介绍，规格如下：

▶ 输出功率 $3.7\,\text{kW}$，极数 4，电压 $200\,\text{V}$，频率 $50\,\text{Hz}$。

▶ 同步转速 $1500\,\text{r/min}$，连续运转，耐热等级 120（E）。

▶ 鼠笼式转子，防滴式，自行通风。

▶ 标准：JEC-2137-2000，JIS C 4210-2001。

表 4.3 绕线式三相感应电动机设计表

绕线式三相感应电动机 设 计 表

规 格							
用途	泵	机型	感应电动机	转子类型	绕线式	标准	JEC-2137-2000
输出功率	250 kW	极数	8 P	电压	3 000 V	频率	50 Hz
同步转速	720 r/min	耐热等级	155（F）	防护类型	防滴式	冷却方式	自行通风

主要参数							
比容量 s/f	80	基准磁负荷 ϕ_0	3.6×10^{-3} Wb	磁负荷 ϕ	43.0×10^{-3} Wb	电负荷 A_C	8.87×10^3
定子内径 D	470 mm	极距 τ	185 mm	磁比负荷 B_g	0.855 T	电比负荷 a_C	48.0 At/mm

定 子		转 子	
一次相电压 E_1	1 732 V	二次相电压 E_2	292 V
一次相电流 $I_{1(初始设置)}$	61.6 A	二次电流 I_2	317 A
每极每相槽数 q_1	3	每极每相槽数 q_2	4
槽数 Z_1	72	槽数 Z_2	96
每相串联导体数 N_{ph1}	384	每相串联导体数 N_{ph2}	64
线圈节距 β_1	8/9(=0.889)	线圈节距 β_2	12/12(=1.00)
短距系数 k_{p1}	0.985	短距系数 κ_{p2}	1.000
分布系数 k_{d1}	0.960	分布系数 κ_{d2}	0.958
电流密度 Δ_1	6.3 A/mm²	电流密度 Δ_2	5.7 A/mm²
导体宽度	3.5 mm	导体宽度	4 mm
导体高度	1.4 mm	导体高度	14 mm
导体并绕数	2	导体并绕数	1
导体截面积 q_{a1}	9.8 mm²	导体截面积 q_{a2}	56 mm²
导体并联数	2	导体并联数	1
接法	Y	接法	Y
轭部磁通密度 B_{c1}	1.46 T	轭部磁通密度 B_{c2}	1.36 T
齿部磁通密度 B_{tm1}	1.69 T		

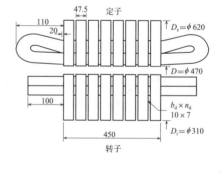

电路常数				
电阻 R_1	0.719 Ω	电阻值换算温度	115 ℃
电阻 R_2'(换算到一次侧)	0.737 Ω	电阻 R_2	0.021 Ω
漏抗 X_1	2.8 Ω		
X_2'(换算到一次侧)	3.06 Ω	漏抗 X_2	0.0872 Ω
励磁电抗 X_m	71.5 Ω	励磁电流 I_{0m}	23.3 A

损 耗		运转特性	
铁损 W_F	3.02×10^3 W	效率 η	93.1 %
机械损耗 W_m	0.77×10^3 W	功率因数 $\cos\varphi$	87.8 %
一次铜损 W_{C1}	7.44×10^3 W	滑差 s	2.24 %
二次铜损 W_{C2}	5.89×10^3 W	转速 n	733 r/min
负载杂散损耗 W_S	1.25×10^3 W	一次电流 I_1	58.7 A
总损耗 W_T	18.4×10^3 W	最大转矩 T_m	272 %

日期： 年 月 日	设计编号：	设计者：

4.3.1 负荷分配

根据图 4.7 预设效率和功率因数分别为 $\eta = 0.85$ 和 $\cos\varphi = 0.85$，则输入容量为

$$\text{输入容量} = \frac{3.7}{0.85 \times 0.85} = 5.12 \ (\text{kV} \cdot \text{A})$$

低压电动机的定子绕组多采用 △ 接法（三角形接法），这里也以 △ 接法为例。△ 接法的定子绕组的线电流和相电流不同，设线电流为 I，相电流为 I_P，有

相电流 $\quad I_{P1} = \dfrac{5.12 \times 10^3}{3 \times 200} = 8.53 \ (\text{A})$

线电流 $\quad I_1 = \sqrt{3} I_{P1} = \sqrt{3} \times 8.53 = 14.8 \ (\text{A})$

每极容量 $\quad s = \dfrac{\text{电动机容量}}{P} = \dfrac{5.12}{4} = 1.28 \ (\text{kV} \cdot \text{A})$

比容量 $\quad \dfrac{s}{f \times 10^{-2}} = \dfrac{1.28}{0.5} = 2.56$

与绕线式相同，设 $\gamma = 1.3$，根据式（2.56）有

$$\chi = \frac{\phi}{\phi_0} = \left(\frac{s}{f \times 10^{-2}} \right)^{0.565} = 2.56^{0.565} = 1.7$$

设基准磁负荷 $\phi_0 = 3 \times 10^{-3}$，则磁负荷为

$$\phi = \chi \phi_0 = 1.7 \times 3 \times 10^{-3} = 5.10 \times 10^{-3} \ (\text{Wb})$$

所以，每相串联导体数 N_{ph} 为

$$N_{\text{ph}} = \frac{200}{2.1 \times 5.1 \times 10^{-3} \times 50} = 373$$

选择定子每极每相槽数 $q_1 = 3$，则 $Pq_1 = 12$，总槽数 $3Pq_1 = 36$。进而，每槽导体数为

$$\frac{N_{\text{ph}}}{Pq_1} = \frac{373}{12} = 31.1$$

选择与其相近的偶数 32，则 $N_{\text{ph}} = 32 \times 12 = 384$。该值大于上面的 373，所以设线圈节距为两槽短距，从第 1 槽到第 8 槽。这时 $\beta = 7/9 = 0.778$，根据

式（3.3），短距系数 $k_p = 0.94$。按表 2.1 中 $q = 3$ 的情况计算，分布系数 $k_d = 0.96$，所以绕组系数为 $k_w = 0.96 \times 0.94 = 0.902$。

根据式（3.4），利用上述系数计算磁负荷：

$$\phi = \frac{200}{2.22 \times 0.902 \times 384 \times 50} = 5.2 \times 10^{-3} \ (\text{Wb})$$

电负荷为

$$A_C = \frac{3N_{ph}I}{P} = \frac{3 \times 384 \times 8.53}{4} = 2.46 \times 10^3$$

4.3.2 比负荷与主要尺寸

根据表 4.1，选择 $a_c = 26$、$B_g = 0.85$，有

$$\text{极距} \quad \tau = \frac{A_C}{a_c} = \frac{2.46 \times 10^3}{26} = 94.6 \ (\text{mm})$$

$$\text{定子内径} \quad D = \frac{P\tau}{\pi} = \frac{4 \times 94.6}{\pi} = 120 \ (\text{mm})$$

选择 $D = 120\,\text{mm}$，修正 $\tau = 94.2\,\text{mm}$，$a_c = 26.1$，则

$$\text{每极有效面积}\tau l_i = \frac{\phi \times 10^6}{\frac{2}{\pi}B_g} = \frac{5.2 \times 10^{-3} \times 10^6}{\frac{2}{\pi} \times 0.85} = 9.61 \times 10^3 \text{mm}^2$$

$$\text{铁心有效厚度}l_i = \frac{\tau l_i}{\tau} = \frac{9.61 \times 10^3}{94.2} = 102\,\text{mm}$$

取 $l_i = 100\,\text{mm}$，则 $B_g = 0.867\,\text{T}$。这种程度的 l_i 不设置冷却风道，所以 $l_1 \approx l \approx l_i = 100\,\text{mm}$。

4.3.3 定子铁心的尺寸

选择定子的电流密度 $\Delta_1 = 6\,\text{A/mm}^2$ 时，导线截面积 q_{a1} 为

$$q_{a1} = \frac{I_{P1}}{\Delta_1} = \frac{8.53}{6} = 1.42 \ (\text{mm}^2)$$

若选用圆线，则

$$d_1 = \sqrt{\frac{4}{\pi} \times q_{a1}} = \sqrt{\frac{4}{\pi} \times 1.42} = 1.34\,\text{mm}$$

使用 1.3 mm 直径的漆包线时，$q_{a1} = 1.33\,\mathrm{mm^2}$，$\Delta_1 = 6.4\,\mathrm{A/mm^2}$。包含涂层的铜线外径为 1.45 mm。若用诺美纸进行槽绝缘，则槽内铜线占空系数（铜线总截面积/槽截面积）限制在 40 %～50 %。随着生产技术的发展，近年来占空系数有了不小的提高。

包含涂层在内的槽内铜线总截面积为 $32 \times (\pi/4) \times 1.45^2 = 52.8\,\mathrm{mm^2}$，估算占空系数为 45 %，槽截面积应为 $52.8/0.45 = 117\,\mathrm{mm^2}$。采用图 4.16 所示的槽尺寸时，槽截面积为 $1/2 \times (8 + 5) \times 18 = 117\,\mathrm{mm^2}$，占空系数为 $(52.8/117) \times 100 = 45.1\,\%$，满足铜线需要。

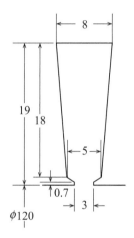

图 4.16　定子槽

设轭部磁通密度 $B_{c1} = 1.4\,\mathrm{T}$，则
$$h_{c1}l = \frac{5.2 \times 10^{-3} \times 10^6}{2 \times 0.97 \times 1.4} = 1.91 \times 10^3 \;(\mathrm{mm^2})$$

$l = 100\,\mathrm{mm}$，所以 $h_{c1} = 19.1\,\mathrm{mm}$，定子铁心外径 D_e 为
$$D_e = D + 2(h_{t1} + h_{c1}) = 120 + 2 \times (19 + 19.1) = 196 \;(\mathrm{mm})$$

取 $D_e = 195\,\mathrm{mm}$，则 $h_{c1} = 18.5\,\mathrm{mm}$，$B_{c1} = 1.45\,\mathrm{T}$。

4.3.4　气隙长度

根据式（4.4），选取 $c = 0.14$，则 $\boldsymbol{A}_C = 2.46 \times 10^3$，$B_g = 0.867\,\mathrm{T}$，
$$\delta = 0.14 \times 10^{-3} \times \frac{2.46 \times 10^3}{0.867} = 0.397 \;(\mathrm{mm})$$

所以，确定 $\delta = 0.4\,\mathrm{mm}$。

4.3.5 鼠笼式回路的电流

图 4.17 所示为鼠笼式回路的电流，导条中的电流 I_{b} 以周期为一极对间隔 2τ 的正弦波形分布。设转子槽数为 Z_2，则鼠笼式转子可以看作相数为 $Z_2/(P/2)$ 的多相回路。一根导条是一相的串联导体数，转子整体中只有 $P/2$ 个同样状态反复，可看作一相有 $P/2$ 个并联支路。

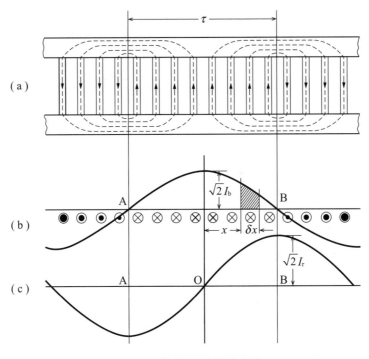

图 4.17 鼠笼式回路的电流

与绕线式相同，根据二次输入功率的 $(1-s)$ 倍与机械输出功率相等的关系，可以求出转子导条的电流 I_{b}。基于上述思路，设静止时导条的感应电压为 E_{b}，则鼠笼式转子：

$$\text{二次输入功率} = \frac{Z_2}{P/2} E_{\mathrm{b}} \times I_{\mathrm{b}} \times \frac{P}{2} \times \cos\varphi_2$$

所以：

$$\text{输出功率} = (1-s)Z_2 E_{\mathrm{b}} I_{\mathrm{b}} \cos\varphi_2 \tag{4.12}$$

通常情况下，$(1-s)\cos\varphi_2 \approx 0.9$，

$$I_b = \frac{输出功率}{0.9 \times Z_2 E_b} \tag{4.13}$$

式中，

$$E_b = \frac{1}{k_w N_{ph}} E_1 \tag{4.14}$$

导条的电流聚集在端环处，极距 τ 之间的电流左右分流，所以端环电流如图 4.17（c）所示呈正弦波。从图可见，端环的最大电流等于极距间 Z_2/P 个导条中的电流之和的一半。如图 4.17（b）所示，导条中的电流呈正弦波，所以平均值为 $(2/\pi)\times\sqrt{2}I_b$。由此，

$$\sqrt{2}I_r = \frac{1}{2} \times \frac{Z_2}{P} \times \frac{2}{\pi} \times \sqrt{2}I_b$$

所以，端环电流可用下式计算：

$$I_r = \frac{Z_2}{P\pi} I_b \tag{4.15}$$

本例根据式（4.14）有

$$E_b = \frac{1}{0.902 \times 384} \times 200 = 0.577 （V）$$

因此，如果选择转子槽数 $Z_2 = 44$，根据式（4.13）有

$$I_b = \frac{3.7 \times 10^3}{0.9 \times 44 \times 0.577} = 162\,A$$

$$I_r = \frac{44}{4 \times \pi} \times 162 = 567\,A$$

鼠笼式转子的导条为铜材时，电流密度 $\Delta_b = 4 \sim 7\,A/mm^2$；为铝材时，电流密度 $\Delta_b = 3 \sim 6\,A/mm^2$。本例这等小型标准电动机，通常采用压铸铝导条。假设采用铝导条，选取 $\Delta_b = 4.5\,A/mm^2$，则导条截面积为

$$q_b = \frac{I_b}{\Delta_b} = \frac{162}{4.5} = 36 （mm^2）$$

使用图 4.18 所示的槽时，$q_b \approx 35.6\,mm^2$，$\Delta_b = 4.5\,A/mm^2$。

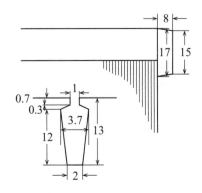

图 4.18 鼠笼式转子的槽和端环

端环的电流密度通常与导条相同，本例选取 $\Delta_r = 4.5\,\text{A/mm}^2$，则

$$q_r = \frac{567}{4.5} = 126 \ (\text{mm}^2)$$

若采用图 4.18 所示的尺寸，则 $q_r = 128\,\text{mm}^2$，$\Delta_r = 4.4\,\text{A/mm}^2$。

小型电机通常根据外径设置转子铁心的内径 D_i。这里设 $D_i = 38\,\text{mm}$，则磁轭高度 h_{c2} 为

$$h_{c2} = \frac{D - D_i}{2} - (\delta + h_{t2}) = \frac{120 - 38}{2} - (0.4 + 13) = 27.6 \ (\text{mm})$$

磁通密度 B_{c2} 为

$$B_{c2} = \frac{5.20 \times 10^{-3} \times 10^6}{2 \times 0.97 \times 27.6 \times 100} = 0.971 \ (\text{T})$$

不会发生磁饱和。

4.3.6 电阻与漏抗

● 电 阻

小型电机的线圈端部长度约为极距的 1.5 倍，一匝定子线圈的长度为

$$l_a = l + 1.5\tau = 100 + 1.5 \times 94.2 = 241 \ (\text{mm}) = 0.241 \ (\text{m})$$

所以，75 ℃ 下的相电阻为

$$R_1 = \rho_{75} \times \frac{N_{ph} l_a}{q_1} = 0.021 \times \frac{384 \times 0.241}{1.33} = 1.46 \ (\Omega)$$

转子导条长度算到端环的中心部分，$l_{\mathrm{b}} = 108\,\mathrm{mm}$，截面积 $q_{\mathrm{b}} = 35.6\,\mathrm{mm}^2$。75 ℃ 时铝的体积电阻率约为铜的 1.6 倍，这里取 $0.033\,\Omega \cdot \mathrm{mm}^2/\mathrm{m}$，则导条的电阻 R_{b} 为

$$R_{\mathrm{b}} = 0.033 \times \frac{108 \times 10^{-3}}{35.6} = 0.1 \times 10^{-3} \ （\,\Omega\,）$$

端环中心部分的直径约为 106 mm，所以端环的周长为

$$l_{\mathrm{r}} = \pi \times 106 = 333 \ （\,\mathrm{mm}\,）$$

铁心两端各有一个端环，二者的电阻之和为

$$R_{\mathrm{r}} = 0.033 \times \frac{2 \times 333 \times 10^{-3}}{128} = 0.172 \times 10^{-3} \ （\,\Omega\,）$$

转子绕组的总铜损为

$$W_{\mathrm{C2}} = Z_2 I_{\mathrm{b}}^2 R_{\mathrm{b}} + I_{\mathrm{r}}^2 R_{\mathrm{r}}$$

将上式代入式（4.15），有

$$W_{\mathrm{C2}} = Z_2 I_{\mathrm{b}}^2 R_{\mathrm{b}} + \left(\frac{Z_2}{P\pi}\right)^2 I_{\mathrm{b}}^2 R_{\mathrm{r}} = Z_2 I_{\mathrm{b}}^2 \left[R_{\mathrm{b}} + \frac{Z_2}{(P\pi)^2} R_{\mathrm{r}}\right]$$

所以：

$$R_2 = R_{\mathrm{b}} + \frac{Z_2}{(P\pi)^2} R_{\mathrm{r}} \tag{4.16}$$

这就是换算为一条导条的转子回路电阻。

如 4.3.5 节所述，转子回路相数为 $Z_2/(P/2)$，相串联导体数为 1（一条导条），可以认为并联支路数为 $P/2$，进而把式（4.16）的转子电阻换算为一次侧的系数为 $3(k_{\mathrm{w}} N_{\mathrm{ph}})^2/Z_2$。

首先，根据式（4.16）有

$$R_2 = \left[0.1 + \frac{44}{(4\pi)^2} \times 0.172\right] \times 10^{-3} = 0.148 \times 10^{-3} \ （\,\Omega\,）$$

定子侧的换算系数为

$$\frac{3(k_{\mathrm{w}} N_{\mathrm{ph}})^2}{Z_2} = \frac{3 \times (0.902 \times 384)^2}{44} = 8.18 \times 10^3$$

所以，转子电阻换算到一次侧为

$$R_2' = 0.148 \times 10^{-3} \times 8.18 \times 10^3 = 1.21 \ (\Omega)$$

换算到一次侧的相总电阻 R 为

$$R = R_1 + R_2' = 1.46 + 1.21 = 2.67 \ (\Omega)$$

定子绕组的铜损 W_{C1} 为

$$W_{C1} = 3I_{P1}^2 R_1^2 = 3 \times 8.53^2 \times 1.46 = 319 \ (W)$$

转子绕组的铜损 W_{C2} 为

$$
\begin{aligned}
W_{C2} &= Z_2 I_b^2 R_b + 2I_r^2 R_r \\
&= 44 \times 162^2 \times 0.1 \times 10^{-3} + 2 \times 567^2 \times 0.172 \times 10^{-3} \\
&= 115 + 111 = 226 \ (W)
\end{aligned}
$$

所以，总铜损为

$$W_c = 319 + 226 = 545 \ (W)$$

● 漏　抗

定子绕组的漏抗可以采用与 4.2.6 节相同的方式计算。根据已经确定的槽尺寸，可以根据式（3.31）和式（3.29）计算槽漏磁通：

$$\lambda_{s1} = \frac{18 - 2}{3 \times 5} + \frac{2}{5} + \frac{2 \times 0.3}{5 + 3} + \frac{0.7}{3} = 1.07 + 0.4 + 0.08 + 0.23 = 1.78$$

$$\Lambda_{s1} = \frac{100}{3} \times 1.78 = 59.3$$

对于线圈端部漏磁通，$h = 10\,\text{mm}$，$m = 30\,\text{mm}$，$k_p = 0.94$，根据式（3.32）：

$$\Lambda_{e1} = 1.13 \times 0.94^2 \times (10 + 0.5 \times 30) = 25$$

对于谐波漏磁通，根据式（4.9），先计算卡特系数 K_c。定子侧 $t_a = \pi \times 120/36 = 10.5$（mm），$b_s = 3\,\text{mm}$，$\delta = 0.4\,\text{mm}$，所以：

$$K_{c1} = \frac{10.5}{10.5 - 0.4 \times \frac{(3/0.4)^2}{5 + 3/0.4}} = 1.21$$

转子侧 $t_a = \pi \times 120/44 = 8.56$（mm），$b_s = 1.0\,\mathrm{mm}$，所以：

$$K_{c2} = \frac{8.56}{8.56 - 0.4 \times \frac{(1.0/0.4)^2}{5+1.0/0.4}} = 1.04$$

由此，$K_c = K_{c1} \times K_{c2} = 1.21 \times 1.04 = 1.26$。

设饱和系数 $K_s = 1.2$，根据表 4.2 求出 $K_h = 0.0111$，有：

$$\Lambda_{h1} = \frac{3 \times 94.2 \times 100}{\pi^2 \times 1.26 \times 1.2 \times 0.4} \times 0.0111 = 52.6$$

根据以上计算，通过式（4.8）得到定子绕组的相漏抗为

$$X_1 = 7.9 \times 50 \times \frac{384^2}{4} \times (59.3 + 25.0 + 52.6) \times 10^{-9} = 1.99 \text{（}\Omega\text{）}$$

鼠笼式转子的转子侧漏抗为

$$X_2 = 7.9f(\Lambda_{s2} + \Lambda_{e2} + \Lambda_{h2}) \times 10^{-9} \tag{4.17}$$

式中，Λ_{s2} 对应槽漏磁通。

$$\Lambda_{s2} = l\lambda_{s2} \tag{4.18}$$

λ_{s2} 可以根据式（3.31）计算。Λ_{e2} 对应线圈端部漏磁通，对于鼠笼式转子可按下式计算：

$$\Lambda_{e2} = \frac{Z_2}{3P}\tau g \tag{4.19}$$

式中，$g = 0.2 \sim 0.35$，通常取 $g = 0.3$。Λ_{h2} 对应谐波，计算如下：

$$\Lambda_{h2} = \frac{Z_2 \tau l}{P\pi^2 K_c K_s \delta} K_{h2} \tag{4.20}$$

式中，K_{h2} 可根据表 4.4 中 Z_2/P 的值求出。

这里，先按图 4.18 所示的槽尺寸计算：

$$\lambda_{s2} = \frac{12}{3 \times 3.7} + \frac{2 \times 0.3}{3.7 + 1} + \frac{0.7}{1} = 1.08 + 0.13 + 0.7 = 1.91$$

$$\Lambda_{s2} = 100 \times 1.91 = 191$$

表 4.4　鼠笼式绕组的谐波漏抗系数

Z_2/P	4	5	6	7	8	9
K_{h2}	0.053	0.036	0.023	0.017	0.013	0.01
Z_2/P	10	11	12	15	20	25
K_{h2}	0.0083	0.0068	0.0057	0.0036	0.0021	0.0013

根据式（4.19）：

$$\Lambda_{e2} = \frac{44}{3 \times 4} \times 94.2 \times 0.3 = 104$$

又因 $Z_2/P = 44/4 = 11$，根据表 4.4 得 $K_{h2} = 0.0068$，由式（4.20）可得

$$\Lambda_{h2} = \frac{44 \times 94.2 \times 100}{4 \times \pi^2 \times 1.26 \times 1.2 \times 0.4} \times 0.0068 = 118$$

因此，根据式（4.17）：

$$X_2 = 7.9 \times 50 \times (191 + 104 + 118) \times 10^{-9} = 0.163 \times 10^{-3} \ （\Omega）$$

换算到一次侧的系数和电阻换算相同，为 $3(k_w N_{ph})^2/Z_2 = 8.18 \times 10^3$，所以：

$$X_2' = 0.163 \times 10^{-3} \times 8.18 \times 10^3 = 1.33 \ （\Omega）$$

换算到一次侧的相总漏抗 X 为

$$X = X_1 + X_2' = 1.99 + 1.33 = 3.32 \ （\Omega）$$

因此，最大电流 I_{Pm}' 为

$$I_{Pm}' = \frac{E_1}{X} = \frac{200}{3.32} = 60.2 \ （A）$$

此结果为相电流，线电流 $I_m' = \sqrt{3} \times 64.7 = 112\,A$。

约束阻抗 Z_s 为

$$Z_s = \sqrt{R^2 + X^2} = \sqrt{2.67^2 + 3.32^2} = 4.26 \ （\Omega）$$

约束功率因数 $\cos\varphi_s$ 为

$$\cos\varphi_s = \frac{R}{Z_s} = \frac{2.67}{4.26} = 0.627$$

4.3.7 励磁电流与铁损

● 励磁电流

根据式（4.11）：

$$I_{0m} = 0.593 \times 1.26 \times 1.2 \times \frac{4 \times 0.867 \times 0.4}{0.902 \times 384} \times 10^3 = 3.59 \text{（A）}$$

这是相电流，线电流是 $I_{0m} = \sqrt{3} \times 3.59 = 6.22 \text{ A}$。

● 铁 损

计算方法与绕线式电动机相同。先通过定子铁心的尺寸求轭部体积：

$$V_{Fc} = \frac{\pi}{4}[195^2 - (120 + 2 \times 19)^2] \times 100 = 1.03 \times 10^6 (\text{mm}^2)$$

磁轭采用 $d = 0.50 \text{ mm}$ 厚的 50A470 钢板，质量为

$$G_{Fc} = 0.97 \times 7.7 \times 1.03 = 7.69 \text{（kg）}$$

铁心每 1 kg 的铁损可以根据式（1.4）和表 1.2 中的系数计算，本例取 $B_c = 1.45 \text{ T}$，有

$$w_{fc} = 1.45^2 \times \left[3.53 \times \left(\frac{50}{100}\right) + 28.2 \times 0.5^2 \times \left(\frac{50}{100}\right)^2\right] = 7.42 \text{（W/kg）}$$

所以，轭部的铁损为

$$W_{Fc} = 7.42 \times 7.69 = 57.1 \text{（W）}$$

齿部体积根据铁心尺寸计算如下：

$$V_{Ft} = \frac{\pi}{4}[(120 + 2 \times 19)^2 - 120^2] \times 100 - 36 \times \frac{5+8}{2} \times 18 \times 100$$
$$= 0.409 \times 10^6 \text{（mm}^2\text{）}$$

其质量 G_{Ft} 为

$$G_{Ft} = 0.97 \times 7.7 \times 0.409 = 3.05 \text{（kg）}$$

本例中齿宽几乎相等，设齿宽为 Z_{m}，则

$$Z_{\mathrm{m}} = t_{\mathrm{a}} - 0.5 = \frac{\pi D}{3Pq} - 0.5 = \frac{\pi \times 120}{36} - 0.5 = 5.47 \ （\mathrm{mm}）$$

根据式（3.34），齿部的磁通密度为

$$B_{\mathrm{tm}} = 0.98 \times \frac{t_{\mathrm{a}} l_{\mathrm{i}}}{Z_{\mathrm{m}} l} \times B_{\mathrm{g}} = 0.98 \times \frac{10.5 \times 100}{5.47 \times 100} \times 0.867 = 1.63 \ （\mathrm{T}）$$

根据式（1.5）和表 1.2 中的系数计算：

$$w_{\mathrm{ft}} = 1.63^2 \times \left[5.88 \times \left(\frac{50}{100} \right) + 49.4 \times 0.5^2 \times \left(\frac{50}{100} \right)^2 \right] = 16.0 \ （\mathrm{W/kg}）$$

齿部的铁损为

$$W_{\mathrm{Ft}} = 16.0 \times 3.05 = 48.8 \ （\mathrm{W}）$$

总铁损为

$$W_{\mathrm{F}} = 57.1 + 48.8 = 106 \ （\mathrm{W}）$$

4.3.8 机械损耗

同步转速对应的圆周速度 v_a 为

$$v_{\mathrm{a}} = \pi \times 120 \times \frac{1500}{60} \times 10^{-3} = 9.42 \ （\mathrm{m/s}）$$

所以，根据式（1.11）估算机械损耗如下：

$$W_{\mathrm{m}} = 8 \times 120 \times (100 + 150) \times 9.42^2 \times 10^{-6} = 21 \ （\mathrm{W}）$$

4.3.9 空载电流

空载损耗合计：

$$W_0 = W_{\mathrm{F}} + W_{\mathrm{m}} = 106 + 21 = 127 \ （\mathrm{W}）$$

空载损耗引起的有效电流（线电流）为

$$I_{0w} = \frac{W_0}{\sqrt{3}V_1} = \frac{127}{\sqrt{3} \times 200} = 0.37 \text{（A）}$$

励磁电流 I_{0m}（线电流）为 $6.22\,\text{A}$，所以空载电流 I_0（线电流）为

$$I_0 = \sqrt{I_{0m}^2 + I_{0w}^2} = \sqrt{6.22^2 + 0.37^2} = 6.23 \text{（A）}$$

空载功率因数为

$$\cos\varphi_0 = \frac{I_{0w}}{I_0} \times 100 = \frac{0.37}{6.23} = 0.059$$

4.3.10 等效电路与特性

根据上述计算结果，可以采取与绕线式电动机相同的步骤进行特性计算。

空载时的阻抗 Z_0 为

$$Z_0 = \frac{E_1}{I_{P0}} = \frac{200}{6.23/\sqrt{3}} = 55.6 \text{（}\Omega\text{）}$$

励磁电抗 X_m 为

$$X_m = \sqrt{Z_0^2 - R_1^2} - X_1 = \sqrt{55.6^2 - 1.46^2} - 1.99 = 53.6 \text{（}\Omega\text{）}$$

利用上述计算得到的电路常数：$R_1 = 1.46\,\Omega$，$R_2' = 1.21\,\Omega$，$X_1 = 1.99\,\Omega$，$X_2' = 1.33\,\Omega$，$X_m = 53.6\,\Omega$，进行下述特性计算：

$$R = 22.0\,\Omega, \ X = 11.3\,\Omega, \ Z = 24.7\,\Omega$$

$$I_{P1} = 8.08\,\text{A}, \ I_1 = 14.0\,\text{A}, \ I_2' = 7.09\,\text{A}$$

$$W_{C1} = 286\,\text{W}, \ W_{C2} = 183\,\text{W}, \ W_t = 614\,\text{W}$$

得出的运转特性计算值为

$$\eta = 85.8\,\%, \ \cos\phi = 89.0\,\%, \ s = 4.53\,\%, \ n = 1432\text{r/min}, \ T_m = 319\,\%$$

4.3.11 温 升

定子的散热面积为

$$O_s = \frac{\pi}{4}(D_e^2 - D^2) + \pi(D_e + D) \times l$$
$$= \frac{\pi}{4}(195^2 - 120^2) + \pi(195 + 120) \times 100 = 0.118 \times 10^6 \text{ (mm}^2\text{)}$$

O_s 对应的损耗为

$$W_i = W_F + \frac{l_1}{l_a}W_c = 106 + \frac{100}{241} \times 286 = 225 \text{ (W)}$$

设传热系数为 $\kappa = 30\,\text{W}/(\text{m}^2{\cdot}\text{K})$，则温升为

$$\theta_s = \frac{225}{30 \times 0.118} = 63.6 \text{ (K)}$$

绕组的温升高于上述值 $5\,\text{K}$，估算为 $69\,\text{K}$，耐热等级 120（E）的温升限制在 $75\,\text{K}$ 以内。

4.3.12 主要材料的用量

● 铜质量

定子绕组的铜质量 G_{C1} 为

$$G_{C1} = 8.9 \times 3 \times 1.33 \times 384 \times 241 \times 10^{-6} = 3.3 \text{ (kg)}$$

实际用量为 $3.5\,\text{kg}$。

● 铝质量

导条部分的质量为

$$G_{ab} = 2.7 \times 35.8 \times 44 \times 100 \times 10^{-6} = 0.43 \text{ (kg)}$$

端环部分的质量为

$$G_{ar} = 2.7 \times 128 \times 2 \times 333 \times 10^{-6} = 0.12 \text{ (kg)}$$

铝的总质量取 $0.6\,\text{kg}$。

● **铁质量**

包含槽部和气隙的铁心质量为

$$G_{\mathrm{F}} = 0.97 \times 7.7 \times \frac{\pi}{4} \times (195^2 - 38^2) \times 100 \times 10^{-6} = 21.5 \ (\mathrm{kg})$$

实际用量为 22 kg。

4.3.13　设计表

以上计算结果汇总为表 4.5。

表 4.5　鼠笼式三相感应电动机设计表

鼠笼式三相感应电动机　设　计　表

规　格							
用途	通用	机型	感应电动机	转子类型	鼠笼式	标准	JEC-2137-2000
输出功率	3.7　kW	极数	4　P	电压	200　V	频率	50　Hz
同步转速	1 500　r/min	耐热等级	120（E）	防护类型	防滴式	冷却方式	自行通风

主要参数							
比容量 s/f	2.56	基准磁负荷 ϕ_0	3.06×10^{-3}　Wb	磁负荷 ϕ	5.2×10^{-3}　Wb	电负荷 A_C	2.46×10^3
定子内径 D	120　mm	极距 τ	94.2　mm	磁比负荷 B_g	0.867　T	比电负荷 a_C	26.1　At/mm

定　子		转　子	
一次相电压 E_1	200　V		
一次相电流 $I_{p1（初始设置）}$	8.53　A	导条电流 I_b	162　A
每极每相槽数 q_1	3	端环电流 I_r	567　A
槽数 Z_1	36	槽数 Z_2	44
每相串联导体数 N_{ph1}	384		
线圈节距 β_1	7/9(=0.778)		
短距系数 k_{p1}	0.940		
分布系数 k_{d1}	0.960		
电流密度 Δ_1	6.4　A/mm²	导条电流密度 Δ_b	4.5　A/mm²
导体宽度	$\phi 1.3$　mm	端环电流密度 Δ_r	4.4　A/mm²
导体高度	mm		
导体并绕数	1		
导体截面积 q_{a1}	1.33　mm²	导条截面积 q_b	35.8　mm²
导体并联数		导条截面积 q_r	128　mm²
接法	△		
轭部磁通密度 B_{c1}	1.45　T	轭部磁通密度 B_{c2}	0.971　T
齿部磁通密度 B_{tm1}	1.63　T		

电路常数			
电阻 R_1	1.46　Ω	电阻值换算温度	75　℃
电阻 R_2'（换算到一次侧）	1.21　Ω	电阻 R_2	0.148×10^{-3}　Ω
漏抗 X_1	1.99　Ω		
X_2'（换算到一次侧）	1.33　Ω	漏抗 X_2	0.163×10^{-3}　Ω
励磁电抗 X_m	53.6　Ω	励磁电流 I_{0m}	6.22　A

损　耗		运转特性	
铁损 W_F	106　W	效率 η	85.8　%
机械损耗 W_m	21　W	功率因数 $\cos\varphi$	89　%
一次铜损 W_{C1}	286　W	滑差 s	4.53　%
二次铜损 W_{C2}	183　W	转速 n	1 432　r/min
负载杂散损耗 W_S	18.5　W	一次电流 I_1	14　A
总损耗 W_T	614　W	最大转矩 T_m	319　%

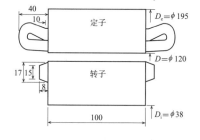

日期：　　　年　　月　　日		设计编号：	设计者：

第5章　永磁同步电动机的设计

近年来，使用永磁体提供磁场的同步电动机（以下简称PM电机）得到了广泛应用。随着稀土类磁体的出现，磁体特性显著提高，PM电机的磁负荷可达到同步电机和感应电机的水平，甚至更高。PM电机的设计也可以按照前面几章的步骤进行，但要把握永磁体（以下简称磁体）产生磁通量的情况，温度引起的磁特性变化、防止退磁等问题变得尤为重要。此外，以逆变器支持调速运转成为前提，设计过程中还要考虑控制方式。

5.1　PM电机的概要

PM电机按照转子磁体的安装方式进行分类，一类是磁体配置在转子表面的表面永磁体（Surface Permanent Magnet，SPM）型，一类是磁体嵌入转子铁心内部的内置永磁体（Interior Permanent Magnet，IPM）型。

图5.1所示为四极电机的典型转子结构。不同转子结构的PM电机拥有不同的特性，一定要根据用途选择转子结构。一般来说，SPM电机适用于伺服电机或低速高转矩应用，而IPM电机适用于高转速或大范围稳定输出功率的应用。

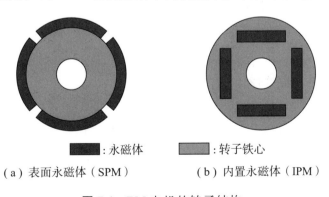

　■：永磁体　　　■：转子铁心

（a）表面永磁体（SPM）　　　（b）内置永磁体（IPM）

图5.1　PM电机的转子结构

绕组励磁型同步电机采用直流电流励磁，以产生所需的磁通量，所以励磁绕组会产生铜损。感应电机也需要励磁电流产生磁通量，还存在二次电流产生的铜损。PM 电机采用永磁体励磁，不会产生上述铜损，可以实现小型高效的旋转电机。

5.1.1　PM 电机的结构

代表性 SPM 电机的截面如图 5.2 所示。电枢（定子）与前述同步电机和感应电机相同，有轭部和槽部，槽部装有三相绕组。转子轴的周围是轭部（有的轴兼作轭部），轭部表面交替配置 N 极和 S 极磁体。磁体一般黏合在轭部，表面涂覆树脂等加以保护。

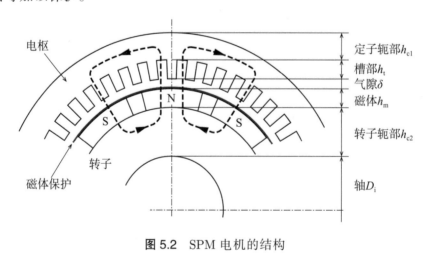

图 5.2　SPM 电机的结构

磁路如图 5.2 中的虚线所示，N 极磁体产生的磁通量经过气隙、槽部、电枢铁心轭部、槽部、气隙进入 S 极磁体。在转子铁心轭部，S 极到 N 极的磁通量形成闭合磁路。穿过气隙的磁通量和槽内电流相互作用，产生转矩。

5.1.2　稀土类磁体的特性

表 5.1 给出了部分稀土类磁体的特性。钕磁体（钕铁硼磁体）的磁性很强，但容易受温度影响。钴磁体的磁性比钕磁体弱，但温度特性好。实际设计要根据不同磁体的特点进行选择。磁体的特性日新月异，请从磁体制造商的商品目录中获取最新信息。

表 5.1　稀土类磁体的特性示例（依据 JIS C 2502：1998）

种类	编号	最大能积 $(BH)_{max}$ / （kJ/m³）	剩余磁通密度 B_r / mT	矫顽力 H_{cb} / （kA/m）	本征矫顽力 H_{cj} / （kA/m）	回复磁导率 μ_r	B_r 的温度系数/（%/K）	H_{cj} 的温度系数/（%/K）	最高使用温度/ K	密度/ （10³kg/m³）
		标称值				典型值				
钕铁硼磁体	R5-1-1	186	1030	730	2060	1.05	−0.10 ~ −0.12	−0.45 ~ −0.06	依工作点和矫顽力而定	7.5
	R5-1-9	226	1110	760	2560					
	R5-1-10	256	1210	840	2160					
	R5-1-14	276	1260	840	2160					
	R5-1-7	296	1290	900	1360					
	R5-1-11	326	1350	900	1460					
	R5-1-16	376	1400	800	1060					
钴磁体	R4-1-1	156	860	600	1360	1.05	−0.04	−0.3	523	8.3
	R4-1-2	176	920	660	1360					
	R4-1-4	186	930	600	860					
	R4-1-11	176	940	600	860	1.1	−0.03	−0.25	623	8.4
	R4-1-15	196	1000	660	1660					
	R4-1-16	216	1050	700	1660					
	R4-1-14	236	1100	600	860					

5.1.3　PM 电机的控制方式

PM 电机也是在电枢绕组中通入三相电流形成旋转磁场，但为了稳定高效运转，需要保持转子磁极位置和电枢电流的相位关系。因此，要配备转子磁极位置传感器，通过逆变器控制电枢电流的相位。此外，不使用传感器的无感控制也进入了实用化阶段。

图 5.3 所示为 SPM 电机速度控制系统的结构。首先，速度控制部分对速度指令 ω^* 与检测速度 ω 之间的偏差进行误差放大，形成电流指令 i^*。电流控制部分根据电流指令 i^*、各相的检测电流和转子磁极位置角 θ，估算目标电流值及电流相位所需的逆变器电压指令值。利用该电压指令值，通过逆变器驱动 PM 电机。

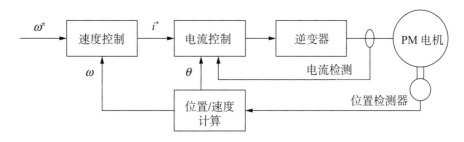

图 5.3　SPM 电机的驱动系统

一般来说，SPM 电机各相的电流相位要与磁体磁通量在各相绕组内产生的空载感应电压 E_0 相同。

5.1.4　PM 电机的特性

基于上一节的控制，SPM 电机的等效电路如图 5.4 所示，电流和电压的矢量图如图 5.5 所示。其中，V 为线电压，I 为电流，R 为绕组电阻，X 为同步电抗。

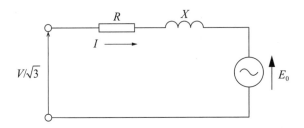

图 5.4　SPM 电机的等效电路（一相）

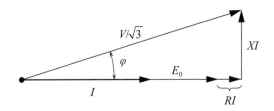

图 5.5　SPM 电机的电流-电压矢量图

因此，SPM 电机的输入功率为

$$输入功率 = \sqrt{3} \cdot V \cdot I \cdot \cos\varphi \times 10^{-3} \tag{5.1}$$

式中，$\cos\varphi$ 为功率因数：

$$\cos\varphi = \frac{E_0 + R \cdot I}{V/\sqrt{3}} = \frac{E_0 + R \cdot I}{\sqrt{(E_0 + R \cdot I)^2 + (X \cdot I)^2}} \times 100\% \tag{5.2}$$

与空载感应电压 E_0 相比，同步电抗压降较小，所以这里 SPM 电机的功率因数偏高。

此外，线电压 V 为

$$V = \sqrt{3} \times \sqrt{(E_0 + R \cdot I)^2 + (X \cdot I)^2} \ (\text{V}) \tag{5.3}$$

这个值必须小于逆变器的最大输出电压。

在忽略铁损和机械损耗的情况下，电能转化为动能的输出功率是输入与电枢绕组铜损之差。根据式（5.1）和式（5.2），有

$$输出功率 = (\sqrt{3} \cdot V \cdot I \cdot \cos\varphi - 3R \cdot I^2) \times 10^{-3} = 3E_0 \cdot I \times 10^{-3}（kW）$$

$$(5.4)$$

5.2　PM 电机的设计实例

作为 PM 电机的基本设计方法，下面以使用钕磁体的 SPM 电机为例进行讲解。规格如下：

▶ 输出功率 15 kW，极数 6，电压 360 V，频率 75 Hz。

▶ 同步转速 1500 r/min，连续运转，耐热等级 130（B）。

▶ SPM 电机，全封闭防溅式，表面强冷。

▶ 标准 JEC-2100-2008。

5.2.1　负荷分配

与前一章的感应电动机相同，说明书上的容量是机械输出功率（kW），需要估算绕组的容量（kV·A）。SPM 电机的变频运转以逆变器为前提，极数的选择虽然有自由度，但额定转速为 1500 r/min 时的输出功率对应的效率约如图 5.6 所示。另外，也可以通过图 5.3 所示的控制使功率因数提高到 95 % 以上。

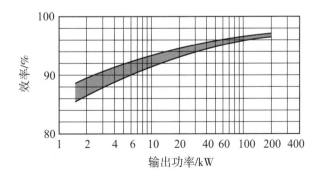

图 5.6　SPM 电机的效率

综上所述，输出功率取值 $15\,\mathrm{kW}$，同步转速取值 $1500\,\mathrm{r/min}$，预设效率和功率因数分别为 $\eta=94\%$、$\cos\varphi=97\%$，有

$$输入容量 = \frac{15}{0.94\times0.97} = 16.5\,(\mathrm{kV\cdot A})$$

假设电枢绕组为星形接法，则

$$额定电流 \qquad I = \frac{15\times10^3}{\sqrt{3}\times360\times0.94\times0.97} = 26.4\,(\mathrm{A})$$

$$每极容量 \qquad s = \frac{输入容量}{P} = \frac{16.5}{6} = 2.75\,(\mathrm{kV\cdot A})$$

$$比容量 \qquad \frac{s}{f\times10^{-2}} = \frac{2.75}{0.75} = 3.67$$

根据表 2.5，设同步电机的 $\gamma=1.5$，则 χ 值可通过式（2.56）计算：

$$\chi = \frac{\phi}{\phi_0} = \left(\frac{s}{f\times10^{-2}}\right)^{\gamma/(1+\gamma)} = 3.67^{1.5/(1+1.5)} = 2.18$$

同样根据表 2.5，取基准磁负荷 $\phi_0 = 3.3\times10^{-3}$，则磁负荷为

$$\phi = \chi\phi_0 = 2.18\times3.3\times10^{-3} = 7.19\times10^{-3}\,(\mathrm{Wb})$$

PM 电机的特性取决于励磁磁体的磁通量，下面利用空载感应电压 E_0 计算绕组电动势。根据图 5.5，假设电阻压降为 5%，则估算空载感应电压 E_0 为

$$E_0 = (V/\sqrt{3})\times(\cos\varphi - 0.05) = (360/\sqrt{3})\times(0.97-0.05) = 191.2\,(\mathrm{V})$$

基于星形接法，相串联导体数 N_{ph} 为

$$N_{\mathrm{ph}} = \frac{191.2}{2.1\times7.19\times10^{-3}\times75} = 168.8$$

对于双层绕组，每极每相槽数 $q=2$，相槽数 $Pq=6\times2=12$，总槽数 $3Pq=36$，故槽串联导体数为

$$\frac{N_{\mathrm{ph}}}{Pq} = \frac{168.8}{12} = 14.1$$

取偶数 14，则 $N_{\text{ph}} = 14 \times 12 = 168$。

为了减少空载感应电压 E_0 中的谐波成分，若线圈为一槽短距，从第 1 槽到第 6 槽，则 $\beta = 5/6 = 0.833$。根据式（3.3），短距系数 $k_{\text{p}} = 0.966$。分布系数根据表 2.1 中 $q = 2$ 的情况计算，因为 $k_{\text{d}} = 0.966$，所以绕组系数为 $k_{\text{w}} = 0.966 \times 0.966 = 0.933$。

基于上述系数，根据式（3.4）有

$$\phi = \frac{191.2}{2.22 \times 0.933 \times 168 \times 75} = 7.33 \times 10^{-3}\ (\text{Wb})$$

电负荷为

$$\boldsymbol{A}_{\text{C}} = \frac{3N_{\text{ph}}I}{P} = \frac{3 \times 168 \times 26.4}{6} = 2.22 \times 10^3$$

5.2.2　比负荷与主要尺寸

低压 PM 电机没有励磁损耗，可以根据表 3.2 中小型低压电机的值提高各比负荷。这里选择 $a_{\text{c}} = 30$、$B_{\text{g}} = 0.8$，有

$$\text{极距}\qquad \tau = \frac{\boldsymbol{A}_{\text{C}}}{a_{\text{c}}} = \frac{2.22 \times 10^3}{30} = 74.0\ (\text{mm})$$

$$\text{电枢内径}\qquad D = \frac{P\tau}{\pi} = \frac{6 \times 74.0}{\pi} = 141.3\ (\text{mm})$$

选取 $D = 140\,\text{mm}$，修正 $\tau = 73.3\,\text{mm}$、$a_{\text{c}} = 30.3$。

此外，电枢周边的气隙磁通量分布与同步发电机相同，如图 5.7 所示。在 SPM 电机中，$\alpha_{\text{i}} = b_{\text{i}}/\tau$ 可以通过调整磁体宽度而大于绕组励磁型。设 $\alpha_{\text{i}} = 0.75$，根据式（3.8）有

$$\text{每极有效面积}\qquad \tau l_{\text{i}} = \frac{\phi}{\alpha_{\text{i}} B_{\text{g}}} \times 10^6 = \frac{7.33 \times 10^{-3}}{0.75 \times 0.8} \times 10^6$$
$$= 12.2 \times 10^3\ (\text{mm}^2)$$

$$\text{铁心有效叠厚}\qquad l_{\text{i}} = \frac{\tau l_{\text{i}}}{\tau} = \frac{12.2 \times 10^3}{73.3} = 166.4\ (\text{mm})$$

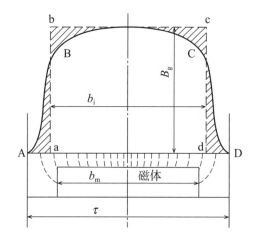

图 5.7　电枢周边的气隙磁通量分布

设 $l_i = 165\,\mathrm{mm}$，则 $B_g = 0.803\,\mathrm{T}$。这种级别的 l_i 不设风道，所以 $l_1 \approx l \approx l_i = 165\,\mathrm{mm}$。

极弧的有效宽度为 $b_i = \alpha_i \tau = 0.75 \times 73.3 = 55\,\mathrm{mm}$。设磁体的极弧宽度 b_m 小于上述值 5%，则 $b_m = 52.2\,\mathrm{mm}$。

5.2.3　槽尺寸与铁心外径

这个级别的 SPM 电机，电枢绕组的电流密度 $\Delta = 5 \sim 6.5\,\mathrm{A/mm^2}$。设 $\Delta = 5.7\,\mathrm{A/mm^2}$，则所需的铜线截面积 q_a 为

$$q_a = \frac{I}{\Delta} = \frac{26.4}{5.7} = 4.63\ (\mathrm{mm^2})$$

如果 6 线并绕，则一股铜线的截面积为 $4.63/6 = 0.772\,\mathrm{mm^2}$。使用直径 1 mm 的漆包线（圆线）时，截面积就是 $\pi \times 1^2/4 = 0.785\,\mathrm{mm^2}$，6 线并绕的截面积为 $6 \times 0.785 = 4.71\,\mathrm{mm^2}$，电流密度如下：

$$\Delta = 26.4/4.71 = 5.61\ (\mathrm{A/mm^2})$$

覆漆膜铜线的外径是 1.1 mm。使用诺美纸进行槽绝缘时，槽内铜线的占空系数（铜线总截面积/槽截面积）限制在 40% ~ 50%。

槽内铜线截面积含漆膜在内为 $14 \times 6 \times (\pi/4) \times 1.1^2 = 79.8\ (\mathrm{mm^2})$，按

照 50% 占空系数估算，所需槽截面积为 79.8/0.5 = 160（mm²）。若采用图 5.8 所示的槽尺寸，则槽截面积为 1/2 × (9 + 5) × 23 = 161（mm²），占空系数为 (79.8/161) × 100 = 49.6%，能够容纳所有铜线。

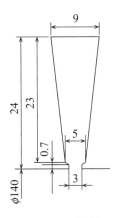

图 5.8　电枢槽

设轭部的磁通密度为 $B_{c1} = 1.4\,\mathrm{T}$，则：

$$h_{c1}l = \frac{7.33 \times 10^{-3}}{2 \times 0.97 \times 1.4} \times 10^6 = 2.7 \times 10^3 \ (\mathrm{mm}^2)$$

$l = 165\,\mathrm{mm}$，所以 $h_{c1} = 16.4\,\mathrm{mm}$，电枢铁心外径 D_e 为

$$D_e = D + 2(h_t + h_{c1}) = 140 + 2 \times (24 + 16.4) = 221 \ (\mathrm{mm})$$

取 $D_e = 220\,\mathrm{mm}$，则 $h_{c1} = 16\,\mathrm{mm}$，$B_{c1} = 1.435\,\mathrm{T}$。

5.2.4　磁路设计

磁路的基础公式，与电路的欧姆定律相同。设磁体产生的总磁通为 ϕ_t，磁路总磁动势为 F_t，磁阻的倒数——磁导为 P_t，则

$$\phi_t = F_t \times P_t \tag{5.5}$$

F_t 来自使用的磁体，其值如图 5.9 所示。根据磁体 $B\text{-}H$ 曲线上的工作点对应的磁场强度 H_d（A/m）和磁体厚度 h_m（mm），$F_t = H_d h_m \times 10^{-3}$（A）。根据磁体工作点的磁通密度 B_d（T）和磁体面积 $b_m l$（mm²），$\phi_t = B_d b_m l \times 10^{-6}$（Wb）。

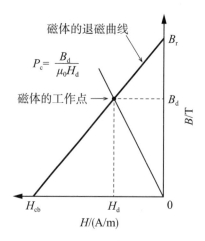

图 5.9 磁体的退磁曲线

将上式代入式（5.5）可得：

$$B_d b_m l \times 10^{-3} = H_d h_m P_t \tag{5.6}$$

此外，磁路整体的磁导 P_t 是气隙部分磁导 P_g 和漏磁通磁导 P_l 之和，$P_t = P_g + P_l$。设气隙部分的面积为 $b_i l$（mm^2），气隙长度为 δ（mm），卡特系数为 K_c，则

$$P_g = \frac{\mu_0 b_i l}{K_c \delta} \times 10^{-3} \tag{5.7}$$

漏磁通磁导源自极间漏磁通和转子端部漏磁通，但气隙部分的磁导较小，所以：

$$\frac{P_t}{P_g} = \frac{P_g + P_l}{P_g} = \left(1 + \frac{P_l}{P_g}\right) = 1 + \sigma_m \tag{5.8}$$

磁极的漏磁系数用 σ_m 表示，其值一般为 $0.05 \sim 0.15$。另一方面，$(1 + \sigma_m)$ 为磁体产生的总磁通量 ϕ_t 与磁体气隙磁通量 ϕ_g 之比，所以代入气隙磁通密度 B_g 可得：

$$(1 + \sigma_m) = \frac{\phi_t}{\phi_g} = \frac{B_d b_m l}{B_g b_i l} \tag{5.9}$$

所以：

$$B_d = \frac{(1 + \sigma_m) B_g b_i}{b_m} \tag{5.10}$$

根据式（5.6）、式（5.8）及式（5.10），有

$$H_d = \frac{B_d b_m l}{h_m P_t \times 10^3} = \frac{(1+\sigma_m)B_g b_i l}{b_m l} \times \frac{b_m l}{h_m(1+\sigma_m)P_g \times 10^3}$$

$$= \frac{B_g b_i l}{h_m} \times \frac{K_c \delta \times 10^3}{\mu_0 b_i l \times 10^3} = \frac{B_g K_c \delta}{\mu_0 h_m} \tag{5.11}$$

因此，根据式（5.10）和式（5.11），磁导系数 P_c 可用下式计算：

$$P_c = \frac{B_d}{\mu_0 H_d} = \frac{(1+\sigma_m)B_g b_i l}{\mu_0 b_m l} \times \frac{\mu_0 h_m}{B_g K_c \delta}$$

$$= \frac{(1+\sigma_m)b_i h_m}{b_m K_c \delta} \tag{5.12}$$

设磁体的比导磁率为 μ_r，则根据磁体 B-H 曲线可得到如下关系式：

$$B = -\mu_r \mu_0 H + B_r \tag{5.13}$$

$B = B_d$，$H = H_d$，将式（5.10）和式（5.11）代入式（5.13），整理可得

$$\frac{(1+\sigma_m)B_g b_i}{b_m} = -\mu_r \mu_0 \frac{B_g K_c \delta}{\mu_0 h_m} + B_r$$

所以：

$$B_g = \frac{b_m h_m}{(1+\sigma_m)b_i h_m + \mu_r b_m K_c \delta} \times B_r$$

$$= \frac{h_m}{(1+\sigma_m)(b_i/b_m)h_m + \mu_r K_c \delta} \times B_r \tag{5.14}$$

综上所述，为了得到所需的气隙磁通密度 B_g，磁体厚度 h_m 可用下式计算：

$$h_m = \frac{\mu_r K_c \delta B_g}{B_r - B_g(1+\sigma_m)(b_i/b_m)} \tag{5.15}$$

5.2.5 气隙长度与磁体尺寸

PM 电机的基本磁负荷来自磁体，如前文所述，其值取决于磁体特性、气隙长度和磁体厚度。要提高磁负荷，就要减小气隙长度，但也要注意可组装性，以及防止磁体飞散的胶带的厚度等，综合考虑生产的情况。对于本例几十千瓦级别

的低压电机，一般选择磁气隙 $\delta = 1 \sim 2\,\mathrm{mm}$。其中包括树脂黏合胶带厚度。设气隙长度为 $\delta = 1.5\,\mathrm{mm}$，就可以根据式（5.15）计算磁体厚度。

本例根据 5.2.2 节的分析，取极弧有效宽度 $b_i = 55\,\mathrm{mm}$，磁体极弧宽度 $b_m = 52.2\,\mathrm{mm}$。注意图 5.10 所示磁体外径与电枢内径之间的气隙长度 δ。$t_a = \pi D/3Pq = \pi \times 140/36 = 12.28$（mm），$b_s = 3\,\mathrm{mm}$，所以卡特系数 K_c 为

$$K_c = \frac{12.28}{12.28 - 1.5 \times \frac{(3/1.5)^2}{5+3/1.5}} = 1.075$$

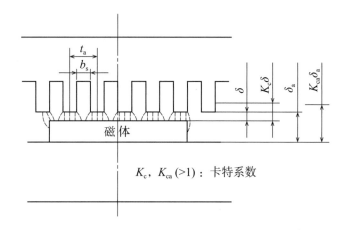

注：磁体磁通量对应的卡特系数为 K_c，电枢反应磁通量对应的卡特系数为 K_{ca}

图 5.10　卡特系数

选用表 5.1 中的 R5-1-14 磁体，则 $B_r = 1.26\,\mathrm{T}$，$\mu_r = 1.05$，$H_{cj} = 2160\,\mathrm{kA/m}$。这里的 B_r 值是常温下（20 ℃）的数据，钕磁体的 B_r 会随着温度变化。视温度系数为 $-0.1\,\%/\mathrm{K}$，根据实际运转时磁体的温度进行调整。这里根据耐热级别 130（B），设磁体温度为 95 ℃，则设计中用到的剩余磁通密度为

$$B_{r(95\tau)} = \left(1 - 0.1 \times \frac{95-20}{100}\right) \times 1.26 = 0.925 \times 1.26 = 1.166\text{（T）}$$

设漏损系数 $\sigma_m = 0.1$，将上述值代入式（5.15），则磁体厚度 h_m 为

$$h_m = \frac{1.05 \times 1.075 \times 1.5 \times 0.803}{1.166 - 0.803 \times (1 + 0.1) \times (55/52.2)} = 5.78\text{（mm）}$$

取 $h_m = 5.8\,\mathrm{mm}$。

已知电枢内径 D 和铁心长度 l，磁体尺寸计算如下（参见图 5.11）：

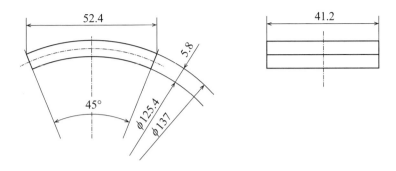

图 5.11 磁体的尺寸（一块）

▶ 磁体外径：$D - 2 \times \delta = 140 - 2 \times 1.5 = 137$（mm）。

▶ 磁体内径：$D - 2 \times (\delta + h_m) = 140 - 2 \times (1.5 + 5.8) = 125.4$（mm）。

▶ 磁体极弧中心角：$\alpha_i \times 360/P = 0.75 \times 360/6 = 45°$。

▶ 磁体极弧宽度：$b_m = 137 \times \sin(45°/2) = 52.4$（mm）。

▶ 磁体轴方向长度：每极使用 4 块磁体，$l/4 = 165/4 = 41.2$（mm）。

此时，磁比负荷 B_g 和磁负荷 ϕ 可修正为

$$B_g = \frac{5.8}{(1 + 0.1)(55/52.4) \times 5.8 + 1.05 \times 1.075 \times 1.5} \times 1.166 = 0.806 \text{（T）}$$

$$\phi = B_g b_i l = 0.806 \times 55 \times 165 \times 10^{-6} = 7.31 \times 10^{-3} \text{（Wb）}$$

根据式（3.4），空载感应电压 E_0 为

$$E_0 = 2.22 \times 0.933 \times 168 \times 75 \times 0.731 \times 10^{-2} = 190.8 \text{（V）}$$

5.2.6 转子铁心

小型电机的转子铁心内经 D_i 需要与轴外径相适宜。设 $D_i = 60 \, \text{mm}$，则轭部高度 h_{c2} 为

$$h_{c2} = \frac{D - D_i}{2} - (\delta + h_m) = \frac{140 - 60}{2} - (1.5 + 5.8) = 32.7 \text{（mm）}$$

磁通密度 B_{c2} 为

$$B_{c2} = \frac{0.731 \times 10^{-2}}{2 \times 0.97 \times 32.7 \times 165} \times 10^6 = 0.698 \text{（T）}$$

不会饱和。

5.2.7 绕组电阻与同步电抗

● 电 阻

小型电机的线圈端部长度可视为极距 τ 的 1.5 倍，则电枢绕组的线圈长度 l_a 为

$$l_a = l + 1.5\tau = 165 + 1.5 \times 73.3 = 275 \ （\text{mm}）$$

换算成耐热等级 130（B）特性计算温度 95 ℃ 下的相电阻为

$$R = \rho_{95} \times \frac{N_{ph}l_a \times 10^{-3}}{q_a \times 并绕数} = 0.0223 \times \frac{168 \times 275 \times 10^{-3}}{0.785 \times 6} = 0.219 \ （\Omega）$$

● 漏 抗

电枢绕组的计算方法同 3.2.9 节。根据已确定的图 5.8 所示的槽尺寸，通过式（3.31）计算槽漏磁通：

$$\lambda_s = \frac{20}{3 \times 5} + \frac{2}{5} + \frac{2 \times 0.3}{5 + 3} + \frac{0.7}{3} = 1.333 + 0.4 + 0.075 + 0.233 = 2.04$$

$$\Lambda_s = \frac{165}{2} \times 2.04 = 168.3$$

$h = 10$，$m = 35$，$k_p = 0.966$，根据式（3.32），线圈端部漏磁通为

$$\Lambda_e = 1.13 \times 0.966^2 \times (10 + 0.5 \times 35) = 29$$

根据上述计算和式（3.28），绕组的相漏抗 X_l 为

$$X_l = 7.9 \times 75 \times \frac{168^2}{6} \times (168.3 + 29) \times 10^{-9} = 0.55 \ （\Omega）$$

● 电枢反应电抗

电枢电流 I 产生的安匝数 A_T，参考式（4.1）～式（4.3）可得到

$$A_T = \frac{\sqrt{2}}{\pi} \times \frac{3k_w N_{ph}I}{P} = \frac{1}{4\pi \times 10^{-7}} \times K_{ca}K_s B_a \delta_a \times 10^{-3} \tag{5.16}$$

式中，$\delta_a = \delta + h_m$，磁体厚度被视为气隙；卡特系数 K_{ca} 是相对于 δ_a 的，参照图 5.10；δ_a 为电枢反应产生的磁通密度；K_s 为饱和系数。

基于此：

$$B_{\mathrm{a}} = \frac{4\sqrt{2} \times 3k_{\mathrm{w}}N_{\mathrm{ph}}I}{P} \times \frac{1}{K_{\mathrm{ca}}K_{\mathrm{s}}\delta_{\mathrm{a}}} \times 10^{-4}$$

电枢反应磁通 ϕ_{a} 为

$$\phi_{\mathrm{a}} = \frac{2}{\pi}\tau l B_{\mathrm{a}} \times 10^{-6} = \frac{2}{\pi} \times \frac{\pi Dl}{P} \times \frac{4\sqrt{2} \times 3k_{\mathrm{w}}N_{\mathrm{ph}}I}{P} \times \frac{1}{K_{\mathrm{ca}}K_{\mathrm{s}}\delta_{\mathrm{a}}} \times 10^{-10}$$

$$= 2\sqrt{2} \times 3 \times \frac{k_{\mathrm{w}}N_{\mathrm{ph}}}{p^2} \times I \times \frac{Dl}{K_{\mathrm{ca}}K_{\mathrm{s}}\delta_{\mathrm{a}}} \times 10^{-10} \qquad (5.17)$$

式中，$p = P/2$（极对数）。相应的电枢绕组交链磁通为

$$\Psi = \frac{k_{\mathrm{w}}N_{\mathrm{ph}}}{2} \times \phi_{\mathrm{a}} = \sqrt{2} \times 3 \times \left(\frac{k_{\mathrm{w}}N_{\mathrm{ph}}}{p}\right)^2 \times I \times \frac{Dl}{K_{\mathrm{ca}}K_{\mathrm{s}}\delta_{\mathrm{a}}} \times 10^{-10} \quad (5.18)$$

因此，电枢反应电抗可用下式计算：

$$X_{\mathrm{a}} = (2\pi f) \times \frac{\Psi}{\sqrt{2}I} = (2\pi f) \times 3 \times \left(\frac{k_{\mathrm{w}}N_{\mathrm{ph}}}{p}\right)^2 \times \frac{Dl}{K_{\mathrm{ca}}K_{\mathrm{s}}\delta_{\mathrm{a}}} \times 10^{-10}$$

$$(5.19)$$

上式中的卡特系数 K_{ca} 是根据式（3.21）计算的，参照图5.10，$\delta_{\mathrm{a}} = 5.8 + 1.5 = 7.3\,\mathrm{mm}$，所以：

$$K_{\mathrm{ca}} = \frac{12.28}{12.28 - 7.3 \times \frac{(3/7.3)^2}{5 + 3/7.3}} = 1.019$$

电枢反应产生的磁通量比磁体磁通量小，设饱和系数 $K_{\mathrm{s}} = 1.0$，根据式（5.19）有

$$X_{\mathrm{a}} = 2\pi \times 75 \times 3 \times \left(\frac{0.933 \times 168}{3}\right)^2 \times \left(\frac{140 \times 165}{1.019 \times 1 \times 7.3}\right) \times 10^{-10}$$

$$= 1.198\ (\Omega)$$

因此，同步电抗 X 为

$$X = X_1 + X_{\mathrm{a}} = 0.55 + 1.198 = 1.748\ (\Omega)$$

● **满载电压与功率因数**

输出功率（kW）用式（5.4）表示，额定电流 I 为

$$I = \frac{输出功率}{3E_0} \times 10^3 = \frac{15}{3 \times 190.8} \times 10^3 = 26.2 \text{（A）}$$

根据式（5.3），线电压 V 为

$$V = \sqrt{3} \times \sqrt{(190.8 + 0.219 \times 26.2)^2 + (1.748 \times 26.2)^2}$$
$$= \sqrt{3} \times \sqrt{196.5^2 + 45.8^2} = 349 \text{（V）}$$

该电压在规格值 360 V 以下，可以进行控制。

这时，根据式（5.2），功率因数 $\cos\varphi$ 为

$$\cos\varphi = \frac{196.5}{\sqrt{196.5^2 + 45.8^2}} \times 100\,\% = 97.4\,\%$$

● **电枢反应磁通的影响**

根据式（5.17），电枢反应磁通 ϕ_a 为

$$\phi_a = 2 \times \sqrt{2} \times 3 \times \frac{0.933 \times 168}{3^2} \times 26.2 \times \frac{140 \times 165}{1.019 \times 1 \times 7.3} \times 10^{-10}$$
$$= 1.203 \times 10^{-3} \text{（Wb）}$$

上述磁通量在磁负荷 $\phi = 7.31 \times 10^{-3}$ Wb 和 $\pi/2$ 相位下的合成磁通 ϕ' 为

$$\phi' = \sqrt{7.31^2 + 1.203^2} \times 10^{-3} = 7.41 \times 10^{-3} \text{（Wb）}$$

因此，各部分的磁通密度也会增大，影响后面讲到的铁损计算。在此，重新计算如下：

气隙部分　　$B'_g = 0.806 \times 7.41/7.31 = 0.817$（T）

电枢轭部　　$B'_{c1} = 7.41/(2 \times 0.97 \times 16 \times 165 \times 10^{-3}) = 1.447$（T）

转子轭部　　$B'_{c2} = 7.41/(2 \times 0.97 \times 32.7 \times 165 \times 10^{-3}) = 0.708$（T）

5.2.8　退磁分析

　　磁体在温度或外部磁场的影响下,会发生不可逆的退磁现象。分析不可逆退磁时,会用到表示相对于磁场强度 H 的磁体固有磁化强度 J 的 J-H 曲线。如图 5.9 所示,我们通过磁体的磁导系数 P_c 与 B-H 曲线的交点求出工作点(H_d,B_d)。在图 5.12 所示的曲线上,设 $H = H_d$ 时的点为点 Q,则点 Q 表示没有外部磁场时的磁化强度,与 P_c' 和 J-H 曲线的交点一致。

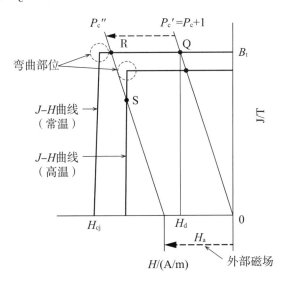

图 5.12　外部磁场引起的退磁

　　另一方面, B_r 和 H_{cj} 会随着温度变化,如图 5.12 所示的常温和高温时的 J-H 曲线。反向施加外部磁场 H_a 时,磁导系数仅平行于外部磁场移动,用 P_c'' 表示。P_c'' 和 J-H 曲线在常温下交点为点 R,在高温下的交点为点 S。

　　其中,点 R 在 J-H 曲线弯曲部位的右侧,不会发生不可逆退磁。但是,点 S 在弯曲部位的左下侧,即使温度下降、外部磁场消失,磁通量也不会恢复到原先的点 Q,会发生不可逆退磁。因此,避免不可逆退磁的条件是采用接近弯曲部位值的本征矫顽力 H_{cj}:

$$H_{cj}（最大使用温度） > H_d + 最大外部磁场强度 \qquad (5.20)$$

在满足上述关系的范围内,确定 H_d 和外部磁场强度 H_a。

　　具体例子请思考连续运转时端子部分发生三相短路的情况。首先根据式(5.11)计

算 B-H 曲线上工作点的磁场强度 H_d：

$$H_d = \frac{B_g K_c \delta}{\mu_0 h_m} = \frac{0.806 \times 1.075 \times 1.5}{4\pi \times 10^{-7} \times 5.8} = 1.783 \times 10^5 \ (\text{kA/m})$$
$$= 178.3 \ (\text{kA/m})$$

根据表 5.1，磁体的本征矫顽力 H_{cj} 为 $2160\,\text{kA/m}$（$20\,^{\circ}\text{C}$），温度系数为 $-0.45\,\%/\text{K}$。所以，运转时的磁体温度设为 $95\,^{\circ}\text{C}$，求此时矫顽力：

$$H_{cj(95C)} = (1 - 0.45 \times \frac{95 - 20}{100}) \times 2160 = 1431 \ (\text{kA/m})$$

稳定状态下，短路电流取决于磁体引发的感应电压和绕组阻抗：

$$I_s = \frac{E_0}{\sqrt{R^2 + X^2}} = \frac{190.8}{\sqrt{0.219^2 + 1.748^2}} = 108.3 \ (\text{A})$$

根据式（5.16），短路电流产生的安匝数为

$$A_{Ta} = \frac{\sqrt{2}}{\pi} \times \frac{3 \times 0.933 \times 168 \times 108.3}{6} = 3.82 \times 10^3$$

磁体部分的磁场强度 H_a 为

$$H_a = \frac{A_{Ta}}{K_{ca}\delta_a \times 10^{-3}} = \frac{3.82 \times 10^3}{1.019 \times 7.3 \times 10^{-3}} = 514 \ (\text{kA/m})$$

这是稳定状态下的值，实际上过渡现象会使其加倍。因此，将上述值的 2 倍作为最大外部磁场强度：

$$H_d + 最大外部磁场强度 = 178.3 + 514 \times 2 = 1206 \ (\text{kA/m})$$
$$< H_{cj(95°)} = 1431 \ (\text{kA/m})$$

这样，即使出现事故，也不会造成退磁。

5.2.9　损耗与效率

● 电枢铜损

额定电流 $I = 26.2\,\text{A}$，电枢绕组的相电阻 $R = 0.219\,\Omega$，电枢铜损 W_C 为

$$W_C = 3I^2 R = 3 \times 26.2^2 \times 0.219 = 451 \ (\text{W})$$

● **负载杂散损耗**

与同步发电机相同，电枢中的负载电流会使磁体、铁心紧固件及线圈端部五金件处产生涡流，产生负载杂散损耗。这些被视为电枢铜损的 30% 左右，故负载杂散损耗 W_s 为

$$W_s = 0.3W_C = 0.3 \times 451 = 135 \text{（W）}$$

● **铁 损**

计算方法与同步发电机相同，先通过电枢铁心的尺寸求轭部体积：

$$V_{Fc} = \frac{\pi}{4}[220^2 - (140 + 2 \times 24)^2] \times 165 = 1.692 \times 10^6 \text{（mm}^3\text{）}$$

磁轭采用厚度 $d = 0.50\,\text{mm}$ 的 50A350 钢板时，磁轭质量为

$$G_{Fc} = 0.97 \times 7.65 \times 1.692 = 12.56 \text{（kg）}$$

每 1 kg 铁心的铁损可以根据式（1.4）和表 1.2 中的系数进行计算，本例 $B'_{c1} = 1.447\,\text{T}$，所以：

$$w_{fc} = 1.447^2 \times (2.63 \times 0.75 + 21 \times 0.5^2 \times 0.75^2) = 10.31 \text{（W/kg）}$$

轭部铁损为 $W_{Fc} = 10.31 \times 12.64 = 130 \text{（W）}$。

根据铁心尺寸，齿部体积为

$$V_{Ft} = \left[\frac{\pi}{4}[(140 + 2 \times 24)^2 - 140^2] - 36 \times \frac{5+9}{2} \times 23\right] \times 165$$
$$= 1.084 \times 10^6 \text{（mm}^3\text{）}$$

齿部质量为 $G_{Ft} = 0.97 \times 7.7 \times 1.084 = 8.1 \text{（kg）}$。

本例中齿宽几乎相同，视齿宽 Z_m 为

$$Z_m = t_a - 5 = \frac{\pi D}{3Pq} - 5 = \frac{\pi \times 140}{36} - 5 = 12.22 - 5 = 7.22 \text{（mm）}$$

则根据式（3.24），齿部磁通密度为

$$B_{tm} = 0.98 \times \frac{t_a l}{Z_m l} \times B'_g = 0.98 \times \frac{12.22 \times 165}{7.22 \times 165} \times 0.817 = 1.355 \text{（T）}$$

因此，根据式（1.5）和表 1.2 中的系数有

$$w_{ft} = 1.355^2 \times (4.38 \times 0.75 + 36.8 \times 0.5^2 \times 0.75^2)$$
$$= 15.54 \ (W/kg)$$

齿部铁损　　$W_{Ft} = 15.54 \times 8.1 = 126 \ (W)$

总铁损　　$W_F = 130 + 126 = 256 \ (W)$

● **机械损耗**

同步转速对应的圆周速度 v_a 为

$$v_a = \pi \times 140 \times \frac{1500}{60} \times 10^{-3} = 11 \ (m/s)$$

因此，根据式（1.11），机械损耗可估算为

$$W_m = 8 \times 140 \times (175 + 150) \times 10.6^2 \times 10^{-6} = 41 \ (W)$$

● **效　率**

根据上述计算，总损耗 $\sum W$ 为

$$\sum W = W_C + W_s + W_F + W_m = (451 + 135 + 256 + 41) \times 10^{-3}$$
$$= 0.883 \ (kW)$$

因此，额定输出功率的效率为

$$\eta = \frac{15}{15 + 0.883} \times 100\% = 94.4\%$$

5.2.10 温　升

电枢的温升可以通过式（3.33）计算。但是本例为表面强冷型，铁损和铜损产生的热量会通过机架表面散发。机架表面带有散热片，可使铁心外径表面积增加至 3~5 倍。设散热面积 O_s 为铁心外径面积的 4 倍，则

$$O_s = \pi \times 220 \times 165 \times 4 \times 10^{-6} = 0.456 \ (m^2)$$

内部损耗 W_i 是电枢铜损、负载杂散损耗与铁损之和：

$$W_i = 451 + 135 + 256 = 842 \text{（W）}$$

设对外部空气的传热系数为 $\kappa = 30\,\text{W}/(\text{m}^2 \cdot \text{K})$，则温升 θ_s 为

$$\theta_s = \frac{842}{30 \times 0.456} = 61.5 \text{（K）}$$

铜线的损耗产生的热量会通过电枢铁心散发，所以电枢和铜线的温差大于开放型。铜线的温升可视为高于电枢 15 K，估算为 76.5 K。

5.2.11 主要材料的用量

● 铜质量

电枢绕组的铜质量 G_C 为

$$G_C = 8.9 \times 3 \times 0.785 \times 6 \times 168 \times 275 \times 10^{-6} = 5.81\text{kg}$$

实际用量为 6.1 kg。

● 铁心质量

包括槽和气隙部分在内的铁心质量约为

$$G_F = 0.97 \times 7.7 \times (\pi/4) \times 220^2 \times 165 \times 10^{-6} = 46.8\text{kg}$$

实际用量为 60 kg。

● 磁体质量

参照图 5.11，所用磁体的质量为

$$G_M = 0.75 \times 7.5 \times (\pi/4) \times (137^2 - 125.4^2) \times 165 \times 10^{-6} = 2.22 \text{（kg）}$$

实际用量为 2.3 kg。

5.2.12 设计表

以上计算汇总为表 5.2。

表 5.2 永磁同步电动机设计表

永磁同步电动机 设 计 表

规 格								
用途	一般用途	基准	SPM 电机	转子类型	表面永磁体型	标准	JEC-2100-2008	
输出功率	15　kW	极数	6　P	电压	360　V	频率	75　Hz	
转速	1 500　r/min	耐热等级	130（B）	防护类型	全封闭	冷却方式	强制通风	

主要参数					
比容量 s/f	3.67	基准磁负荷 ϕ_0	3.3×10^{-3} Wb	电枢外径 D_e	220　mm	铁心长度 I	165　mm
磁负荷 ϕ	7.31×10^{-3} Wb	磁比负荷 B_g	0.806　T	电枢内径 D	140　mm	气隙长度 δ	1.5　mm
电负荷 A_C	2.2×10^3	电比负荷 a_C	30.0　At/mm	极距 τ	73.3　mm		

电 枢		转 子		
一次电压 E_0	190.8　V	永磁体	R5-1-14	
一次电流 I_1	26.2　A	剩余磁通密度 B_r	1.26　T	
每极每相导体数 q	2	本征矫顽力 H_{cj}	2 160　kA/m	
槽数 N_1	36	估算温度	95　℃	
串联导体数 N_{ph1}	168	有效极弧宽度 b_i	55　mm	
线圈节距 β_1	5/6	极弧比 α_i	0.75	
短距系数 k_p	0.966	漏磁系数 σ_m	0.1	
分布系数 k_1	0.966	磁体极弧宽度 b_m	52.4　mm	
电流密度 Δ_a	5.61　A/mm^2	磁体厚度 h_m	5.8　mm	
导体宽度	$\phi 1$　mm	磁体长度	41.2　mm	
导体高度	mm	铁心内径	4 个 ×6 极 =24 个	
导体并绕数	6	铁心外径	$\phi 125.4$　mm	
导体截面积 q_a	4.71　mm^2	铁心内径	$\phi 60$	
导体并联数		轭部磁通密度 B_{c2}	0.708　T	
接法	Y			
轭部磁通密度 B_c	1.447　T			
齿部磁通密度 B_{tm}	1.355　T			

电路常数				
电枢电阻 R_1	0.219　Ω	电阻值换算温度	95　℃	
漏抗 X_1	0.550　Ω			
反应电抗 X_a	1.198　Ω	同步电抗 X	1.748　Ω	

损 耗		运转特性		
电枢铜损 W_C	451　W	效率 η	94.4　%	
铁损 W_F	256　W	功率因数 $\cos\varphi$	97.4　%	
负载杂散损耗 W_s	135　W	冷却面积 O_s	0.456　m^2	
机械损耗 W_m	41　W	传热系数 κ	30　W/(m^2·K)	
总损耗 W_{TOTAL}	883　W	绕组温升	76.5　K	

材料质量				
铁心 G_F	60　kg	50A350	电磁钢板	
铜线 G_C	6.1　kg	$\phi 1.0$mm	漆包线	
磁体 G_M	2.3　kg	R5-1-14	钕磁体	

日期： 年 月 日	设计编号：	设计者：

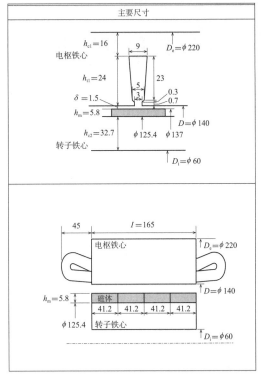

主要尺寸

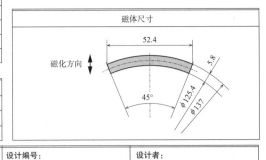

磁体尺寸

第6章 直流电机的设计

与同步电机和感应电机不同，直流电机有其固有的设计项目，包括电枢反应与磁饱和问题，尤其是良好的整流所需的换向极设计等。

6.1 直流电机的电枢绕组形式

直流电机的电枢是整流子，需要综合考虑线圈的绕法和与整流片的连接方法。下面就应用较广泛的叠绕组与波绕组进行概述。

6.1.1 叠绕组

通常情况下，直流电机也会采用双层绕组，每槽嵌两个线圈边，如图 6.1 所示：线圈边 A 和 A' 在上层，B 和 B' 在下层。线圈 A、B 的尾部分别和线圈 A'、

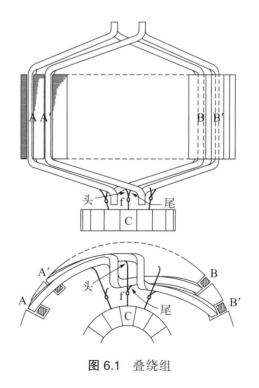

图 6.1 叠绕组

B′ 的头部在 f 点相接,再通过竖片与整流片 C 相连。小型电机大多省略竖片,直接连接 f 和 C。

　　无论一个线圈有多少匝,绕组展开图中都表示为单匝线圈,如图 6.2 所示。线圈边 A 和 B 在整流子后面连接的部分 AeB 被称为后接线,这部分详情如图 6.3 所示:从任意导线开始,按槽的顺序编号,编号差被称为后节距。例如,1 号线在后面接 12 号线(1 号线和 12 号线是同一个线圈),故后节距 $y_1 = 12 - 1$。

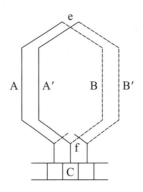

图 6.2　线圈展开简图

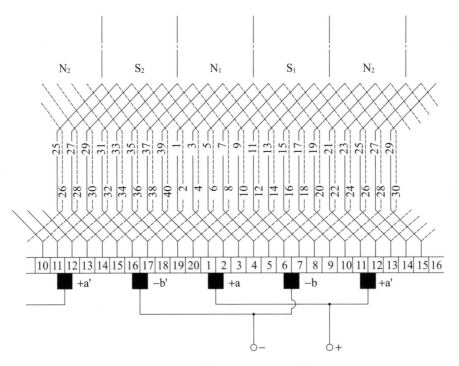

图 6.3　叠绕组:4 极,20 槽

导线 B 和 A′ 在整流子侧（前面）连接的部分 BfA′ 被称为前接线，其节距仍然用导线编号差表示。这被称为前节距。例如，12 号线在前面接 3 号线，故前节距为 12-3=9。

图 6.2 和图 6.3 中的虚线表示导线嵌在槽内下层，也被称为下层边。

实线表示嵌在上层的导线，被称为上层边。线圈按照 AB、A′B′……的顺序叠层并连接下一线圈，因此被称为叠绕组。图 6.3 所示为总槽数为 20 的电枢铁心配备 4 极叠绕组的情况，线圈之间以及线圈和整流片之间的接线方式，常用于表示绕组展开图。

如前所述，上层导线编号为奇数，下层导线编号为偶数，前节距和后节距必为奇数。而且，前节距和后节距的平均值必须与极距（总导体数/极数）相等或相近。这是将各导线之间产生的电动势有效集中在正负电刷之间的必要条件。

整流片也要进行编号，1 号导线连接的整流片编号为 1，后面的依次编号。在图 6.3 中，1 号整流片经过 1 号线、12 号线与 2 号整流片相连。像这种从一个整流片开始通过线圈连接至下一个整流片时，编号差 $y_k = 2 - 1 = 1$ 被称为整流子节距。

在叠绕组中，每隔一个线圈，后节距与前节距之差增大 $y_1 - y_2 = 11 - 9 = 2$。$y_1 - y_2$ 被称为合成节距，整流子节距为合成节距的 1/2。

合成节距为负数时，绕组向左绕（图 6.3 所示为右绕），依次连接。这时，整流子节距也为负数。

6.1.2 波绕组

图 6.4 所示为总槽数为 21 的电枢铁心配备 4 极波绕组的情况。后节距 $y_1 = 12 - 1 = 111$，前节距 $y_2 = 23 - 12 = 11$，各节距右行，所以合成节距为 $y_1 + y_2 = 22$。整流子节距为 $y_k = (y_1 + y_2)/2 = 11$，整流片 1 经过一个线圈之后与整流片 12 相连。这个编号差就是整流子节距。

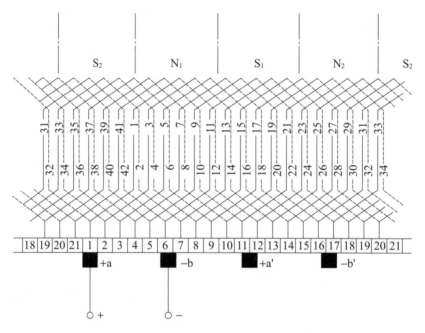

图 6.4　波绕组：4 极，21 槽

6.1.3　叠绕组与波绕组的比较

叠绕组如图 6.3 所示，4 极需要 4 个电刷，一对正、负电刷之间串联的导体数是总导体数的 1/4。

但是，在图 6.4 所示的波绕组中，4 极对应 +a 和 −b 一对电刷，两个电刷之间串联的导体数为总导体数的 1/2。

一般来说，波绕组的电刷之间串联的导体数是叠绕组的 $P/2$ 倍。也就是说，在总导体数相同的情况下，波绕组的电刷之间产生的电动势是叠绕组的 $P/2$ 倍。

从图 6.3 中可以看出，叠绕组 +a 和 −b 之间的连接线集中在同一磁极下，因此会导致气隙不均匀，电刷之间各个并联支路产生的电动势也不均匀，各回路间产生循环电流，使得整流效果变差。另外，如图 6.4 所示，波绕组正负电刷之间的串联导体分布于整个圆周，即使气隙不均匀，也不会造成并联电路内的电动势不均衡。

叠绕组为了避免并联支路间不均衡电动势产生的循环电流通过电刷，时常会用到等电位线圈端。如图 6.3 所示，整流片 1 和 11、2 和 2、3 和 13……为等电位。在时刻 1 和 11 均位于正电刷下，即使电枢旋转相当于 5 个整流片的角度，使得整流片 1 和 11 均位于负电刷下，电位仍然相等。在这个过程中，整流片 1 和 11、2 和 12……一直处于等电位。只要绕线时连接这些等电位点，不均衡电动势产生的循环电流就不会通过电刷，能够防止整流效果变差。这种等电位整流片间的连接线被称为均压线。

6.1.4　电枢的槽数

叠绕组使用偶数槽电枢，波绕组使用奇数槽电枢。波绕组使用偶数槽电枢时，需要增设不通电的死线圈，如图 6.5 所示的粗线。

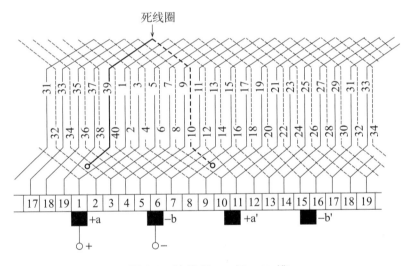

图 6.5　波绕组：4 极，20 槽

每槽嵌入两个以上线圈边时，要考虑线圈边数。

6.1.5　整流片间电压和平均电抗电压

作为选择绕组形式的基准，有必要思考标题中的两个电压。

整流片间电压等于正负电刷间电压除以电刷间整流片数，但这仅限于气隙磁通量分布均匀的情况。当电枢反应导致磁通量分布出现偏差时，磁通密度大的地方的片间电压会高于平均片间电压。这时，如果最高片间电压不能控制在 30 V 以下，就会导致整流效果恶化，还可能引起闪络。为了降低片间电压，增加电枢全周的整流片数即可。另外，加设补偿绕组可以消除电枢反应引发的磁通量分布不均，对片间电压均衡十分有效。

用电刷使线圈短路、进行整流的过程中，线圈电流会急剧变化，线圈自感 L（H）和电流变化率使得线圈内部产生电动势。设整流前后的线圈电流绝对值为 I_a（A），整流所需的时间为 T_k（s），则线圈内产生的电动势 e_r 均值为

$$e_r = L \times \frac{2I_a}{T_k}$$

式中，e_r 被称为平均电抗电压。如果 $e_r < 1\,\mathrm{V}$，则不需要换向极；如果 $e_r > 1\,\mathrm{V}$，则需要换向极；如果 $e_r > (3 \sim 5)\mathrm{V}$，则需要补偿绕组。

关于片间电压和平均电抗电压的计算，请参见 6.3 节的设计实例讲解。

6.2 直流电机的参数

6.2.1 直流电机的电压

除非特殊情况，直流电机的额定电压按额定输出功率选择，参见表 6.1。

表 6.1 直流电机的额定电压

电压/V	合理输出功率/kW	与整流器电源的关系（电动机）
110	7.5 以下	
140	7.5 以下	交流 220 V，附单相全波整流相位控制
220	200 以下	交流 200 V，附三相全波整流相位控制
440	5.5 ~ 500	交流 400 V，附三相全波整流相位控制
600,750	315 以上	

6.2.2 直流电机的极数

直流电机的极数不像交流电机那样直接由转速决定。在表 6.1 中的普通电压下，极数多取决于电机大小。电枢直径与极数的关系参见表 6.2。

表 6.2 直流电机的极数

极数	电枢直径/mm	极数	电枢直径/mm
2	150 以下	12	1600 ~ 2200
4	100 ~ 500	14,16	2000 ~ 2800
6	400 ~ 1000	18,20	2500 ~ 3500
8	800 ~ 1300	22,24	3200 ~ 5000
10	1200 ~ 1700		

6.2.3 直流电机的转速

直流电机的速度控制方法，有他励保持磁场稳定、改变电枢电压的方法（电枢电压控制）和电枢电压保持稳定、改变励磁电流的方法（励磁控制）。根据直流电机的额定电压和额定输出功率，额定转速会表示为通过励磁控制调整的最低速（基本速度）和最高速。

电枢电压控制的范围为额定电压到 0 V。电枢电源通常采用半导体功率变换装置（大型电机为晶闸管整流器，小型电机为斩波电源）。

6.2.4 电枢绕组形式

2 极的叠绕组和波绕组条件相同，所以采用叠绕组。4 极以上则尽可能采用波绕组。整流片间电压不能过高，无法使用波绕组的情况下可使用叠绕组。

至于是否需要换向极和补偿绕组，请参照 6.1.5 节。

6.3 直流电动机的设计实例

规格如下：

► 输出功率 45 kW，转速 1150 ~ 2200 r/min，电压 220 V。

► 附带稳定绕组的他励，励磁电压 220 V（或自励稳定分流线圈）。

► 强制通风型，耐热等级 155（F）。

▶ 极数 4（根据表 6.2），电枢绕组为波绕组（参照 6.2.4 节）。

▶ 附带换向极（参照 6.1.5 节）。

6.3.1　负荷分配

设计直流电动机时要注意，说明书上的容量是机械输出功率（kW）。要估算绕组容量，就要预测效率并计算输入功率。图 6.6 所示为直流电动机效率的概略值，只是未考虑他励（或分流线圈）损耗。

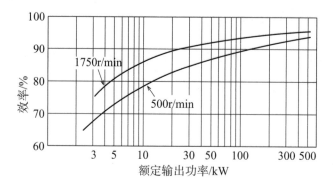

图 6.6　直流电动机的效率

据此，设 45 kW、1150 r/min 时的效率为 90%，则

$$输入功率 = \frac{输出功率}{\eta} = \frac{45}{0.9} = 50 \text{（kW）}$$

满载电流为

$$I = \frac{50 \times 10^3}{220} = 227 \text{（A）}$$

图 6.7 所示为附带稳定绕组的他励电路及其电流分布情况（波绕组，并联支路数为 2）。

电枢线圈电流　　$I_a = \dfrac{227}{2} = 113.5$（A）

线圈电流频率　　$f = \dfrac{Pn}{120} = \dfrac{4 \times 1150}{120} = 38.3$（Hz）

每极容量　　　　$s = \dfrac{50.0}{4} = 12.5$（kW）

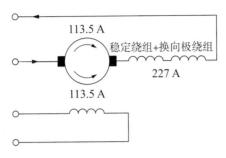

图 6.7 直流电动机的接法和电流分布

比容量 $\dfrac{s}{f \times 10^{-2}} = \dfrac{12.5}{38.3 \times 10^{-2}} = 32.6$

根据表 2.5 选择 $\gamma = 1.5$，基准磁负荷 $\phi_0 = 2.7 \times 10^{-3}$，由式（2.56）有

$$\phi = \phi_0 \times \left(\frac{s}{f \times 10^{-2}} \right)^{\gamma/(1+\gamma)} = 2.7 \times 10^{-3} \times 32.6^{0.6} = 21.8 \times 10^{-3} \, (\text{Wb})$$

带载运转时电枢感应电动势 E 等于端电压 V 与电枢电流引发的内部压降 ΔE 之差。预设 $\Delta E = 17\,\text{V}$，有

$$E = V - \Delta E = 220 - 17 = 203 \, （\text{V}）$$

设电枢总导体数为 N，并联支路数为 a，则根据式（2.8），电刷间串联导体数为

$$\frac{N}{a} = \frac{203}{2 \times 21.8 \times 10^{-3} \times 38.3} = 122$$

由于 $a = 2$，所以 $N = 2 \times 122 = 244$。

槽数的确定要考虑温度分布和整流。对于本例这种级别的电机，每槽的安培导体数不超过 $800 \sim 900$，而且每极槽数不小于 $7 \sim 8$。本例总安培导体数为 $244 \times 113.5 = 27.7 \times 10^3$，因此选择每槽的安培导体数为 675，进而有

$$槽数 > \frac{27.7 \times 10^{-3}}{675} = 41$$

该值大于 32（4×8）。如果取 41，则每槽导体数为 $242/41 = 5.9$。如果每槽导体数取 6，则总导体数为 $41 \times 6 = 246$，整流片数为 $246/2 = 123$，无需死线圈，使用图 6.8 所示的波绕组即可。

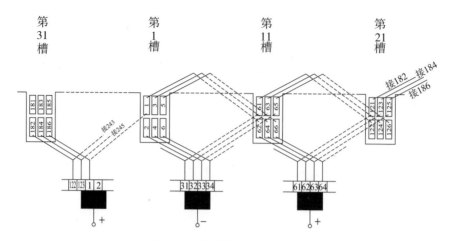

图 6.8　例题中的电机绕组

再次计算磁负荷 ϕ（电刷间串联导体数为 123）为：

$$\phi = \frac{203}{2 \times 123 \times 38.3} = 21.5 \times 10^{-3}（\text{Wb}）$$

电负荷为

$$A_{\mathrm{C}} = \frac{NI_{\mathrm{a}}}{P} = \frac{246 \times 113.5}{4} = 6980$$

由此，每槽的安培导体数为 $4 \times 6980/41 = 681$，小于 800。可见，上述槽数合适，可以进行下一步计算。

6.3.2　比负荷与主要尺寸

直流电动机的比负荷参见表 6.3。

表 6.3　直流电动机的比负荷

电机大小 比负荷	小型	中型	大型
电比负荷 $a_{\mathrm{c}}/$（At/mm）	$10 \sim 30$	$25 \sim 50$	$40 \sim 80$
磁比负荷 $B_{\mathrm{g}}/$T	$0.4 \sim 0.7$	$0.6 \sim 0.9$	$0.8 \sim 1.1$

视本例电动机为中型，取 $a_{\mathrm{c}} = 34$，则极距 τ 为

$$\tau = \frac{A_{\mathrm{C}}}{a_{\mathrm{c}}} = \frac{6980}{34} = 205\,\text{mm}$$

电枢外径为

$$D = \frac{P\tau}{\pi} = \frac{4 \times 205}{\pi} = 261 \text{（mm）}$$

取 $D = 260\,\text{mm}$。

设磁比负荷 $B_g = 0.8$，极弧的有效宽度为 b_i（mm），铁心的有效长度为 l_i（mm），则

$$b_i l_i = \frac{\phi}{B_g} \times 10^6 = \frac{21.5 \times 10^{-3}}{0.8} \times 10^6 = 26.9 \times 10^3 \text{（mm}^2\text{）}$$

设 $b_i/\tau = 0.67$，则 $b_i = \tau \times 0.67 = 205 \times 0.67 = 137$（mm），所以：

$$l_i = \frac{26.9 \times 10^3}{137} = 196 \text{（mm）}$$

设置一处宽度为 10 mm 的风道，则

$$l = l_i - \frac{2}{3} \times 10 = 196 - \frac{2}{3} \times 10 = 189 \text{（mm）}$$

$$l_1 = l + 10 = 189 + 10 = 199 \text{（mm）}$$

取 $l_1 = 200\,\text{mm}$，则 $l = 190\,\text{mm}$，$l_i = 197\,\text{mm}$，$B_g = 0.797\,\text{T}$。

6.3.3 电枢铁心

直流电动机电枢导线的电流密度 $\Delta_a = 4 \sim 7\,\text{A/mm}^2$。设 $\Delta_a = 7\,\text{A/mm}^2$，则导线截面积 q_a 为

$$q_a = \frac{I_a}{\Delta_a} = \frac{113.5}{7} = 16.2 \text{（mm}^2\text{）}$$

如果采用 $1.8\,\text{mm} \times 9.5\,\text{mm}$ 的扁线，则 $q_a = 1.8 \times 9.5 = 17.1\,\text{mm}^2$，$\Delta_a = 6.64\,\text{A/mm}^2$。使用双层玻璃布缠绕扁线时，绝缘厚度为 0.2 mm，截面积为 $2.2\,\text{mm} \times 9.9\,\text{mm}$。假设采用芳纶纸进行槽绝缘，则槽尺寸的计算如下：

导线	$3 \times 2.2 = 6.6\,\text{mm}$	导线	$2 \times 9.9 = 19.8\,\text{mm}$
绝缘厚度	$2 \times 0.5 = 1\,\text{mm}$	绝缘厚度	$4 \times 0.5 = 2\,\text{mm}$
游隙	$0.3\,\text{mm}$	固定楔及游隙	$1.2\,\text{mm}$
槽宽	$7.9\,\text{mm}$	槽深	$23\,\text{mm}$

最终，槽尺寸如图 6.9 所示。

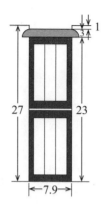

图 6.9　电枢的槽尺寸

如图 6.10 所示，频率越低，铁心轭部的磁通密度越高。本例 $f = 38.3\,\text{Hz}$，设 $B_c = 1.26\,\text{T}$，占空系数为 0.97，则磁轭磁路的截面积为

$$h_c l = \frac{\phi/2}{0.97 B_c} \times 10^6 = \frac{21.5 \times 10^{-3}}{2 \times 0.97 \times 1.26} \times 10^6 = 8.8 \times 10^3 \ (\text{mm}^2)$$

$l = 190\,\text{mm}$，所以磁轭高度 h_c 为

$$h_c = \frac{8.8 \times 10^3}{190} = 46 \ (\text{mm})$$

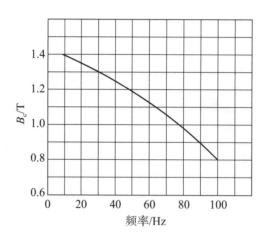

图 6.10　电枢频率和磁轭的磁通密度

铁心的内径 D_i 为

$$D_i = D - 2(h_t + h_c) = 260 - 2(27 + 46) = 114 \ (\text{mm})$$

设 $D_i = 110\,\text{mm}$，则 $h_c = 48\,\text{mm}$，$B_c = 1.22\,\text{T}$。

电枢铁心的尺寸如图 6.11 所示。

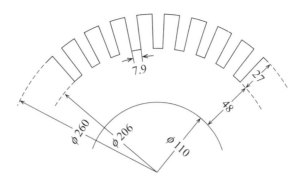

图 6.11　电枢铁心尺寸

6.3.4　电枢反应与气隙长度

图 6.12 所示为直流电动机带载时的磁通量分布情况，发电机的磁通量分布随旋转方向移动，中性位置偏移 β；电动机的磁通量分布移动方向与旋转方向相反。

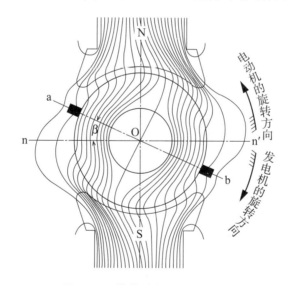

图 6.12　带载时的磁通量分布

● 退磁作用与交叉磁化作用

图 6.13 所示为电刷从中性位置移动 β 时的电枢电流分布，设电刷移动反方向上也有 β 角，则在 $\angle aOa' = \angle bOb' = 2\beta$ 范围内，导线电流产生的磁动势与主磁极产生的磁动势方向相反；在 $\angle aOb' = \angle bOa' = \pi - 2\beta$ 范围内，导线电流产

生的磁动势与主磁极产生的磁动势方向成直角。前者被称为退磁作用,后者被称为交叉磁化作用。

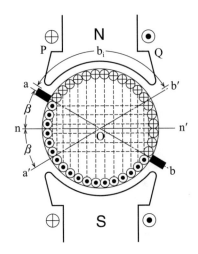

图 6.13　电刷的移动和电流分布

起退磁作用的每极安培导体数为 $\tau a_c \times 2\beta/\pi$,所以每极安匝数为

$$A_{Td} = \frac{\beta}{\pi}\tau a_c = \frac{\beta}{\pi}\boldsymbol{A}_C \qquad (6.1)$$

起交叉磁化作用的每极安培导体数为 $\tau a_c \times (\pi-2\beta)/\pi$,每极安匝数为 $(1/2)\times \tau a_c \times (\pi-2\beta)/\pi$。由于极间磁阻较大,$(\pi-2\beta)/\pi$ 不受 β 影响,可视为接近 $\alpha_i = b_i/\tau$ 的系数,起交叉磁化的安匝数 A_{Tk} 表示为

$$A_{Tk} = \frac{\alpha_i}{2}\tau a_c = \frac{\alpha_i}{2}\boldsymbol{A}_C \qquad (6.2)$$

● 气隙长度

如图 6.14 所示,① 是励磁安匝数 A_{Tf0},与同步电机相同,可以根据式(3.17)来计算:

$$A_{Tf0} = 0.8 K_c K_s B_g \delta \times 10^3$$

直流电动机的饱和系数 $K_s = 1.2 \sim 1.5$。

② 是起交叉磁化作用的安匝数 A_{Tk},磁极面的 1/2 是 A_{Tf0} 与 A_{Tk} 之和,另 1/2 中的 A_{Tf0} 与 A_{Tk} 方向相反。A_{Tk} 过大时,磁极端部 P 附近的极性可能会发

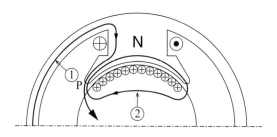

图 6.14 主磁动势和交叉磁化磁动势

生变化。这时，整流效果明显恶化，所以要使 $A_{\mathrm{Tf0}} > A_{\mathrm{Tk}}$。为此，

$$\rho = \frac{A_{\mathrm{Tk}}}{A_{\mathrm{Tf0}}}$$

的值必须小于 1。也就是：

$$\rho = \frac{\frac{\alpha_{\mathrm{i}}}{2} A_{\mathrm{C}}}{0.8 K_{\mathrm{c}} K_{\mathrm{s}} B_{\mathrm{g}} \delta \times 10^3} < 1$$

所以：

$$c = \frac{\alpha_{\mathrm{i}}}{1.6 \times K_{\mathrm{c}} K_{\mathrm{s}} \rho} = 0.625 \times \frac{\alpha_i}{K_{\mathrm{c}} K_{\mathrm{s}} \rho}$$

进而，可通过下式计算气隙长度

$$\delta = c \times 10^{-3} \times \frac{A_{\mathrm{C}}}{B_{\mathrm{g}}} \tag{6.3}$$

但是，

▶ 没有换向极时 $c = 0.5 \sim 0.7$

▶ 有换向极时 $c = 0.3 \sim 0.5$（设电刷偏移角 $\beta = 0$）

本例有换向极，需要弱磁控制。设 $c = 0.45$，又 $B_{\mathrm{g}} = 0.797$，$A_{\mathrm{C}} = 6980$，所以

$$\delta = 0.45 \times \frac{6980}{0.797} \times 10^{-3} = 3.94 \text{（mm）}$$

取 $\delta = 4\,\mathrm{mm}$。

6.3.5　磁极与磁轭

通过磁极铁心的磁通量 ϕ_m 比通过电枢的大，设磁极的漏磁系数 $\sigma = 0.25$，可以估算出

$$\phi_m = (1 + \sigma)\phi = (1 + 0.25) \times 21.5 \times 10^{-3} = 26.9 \times 10^{-3} \text{（Wb）}$$

在直流电动机中，为了使磁极和轭部饱和，减小电压变化和速度变化，这两部分的磁通密度需要取高值：

- ▶ 磁极铁心（软钢板为主）$B_p = 1.2 \sim 1.7\,\text{T}$
- ▶ 磁轭（铸钢或软钢）$B_y = 1.1 \sim 1.4\,\text{T}$

本例磁极铁心采用软钢，取 $B_p = 1.5\,\text{T}$，占空系数为 0.97，截面宽为 b_p（mm），截面长度为 l_p（mm），则

$$b_p l_p = \frac{26.9 \times 10^{-3}}{0.97 \times 1.5} \times 10^6 = 18.5 \times 10^3 \text{（mm}^2\text{）}$$

设 $l_p = l_1 = 200\,\text{mm}$，则

$$b_p = \frac{18.5 \times 10^3}{200} = 92.5 \text{（mm）}$$

取 $b_p = 99\,\text{mm}$，则 $B_p = 1.46\,\text{T}$。

磁轭采用软钢板时，$B_y = 1.2\,\text{T}$，截面积为

$$b_y l_y = \frac{\frac{\phi_m}{2}}{B_y} \times 10^6 = \frac{26.9 \times 10^{-3}}{2 \times 1.2} \times 10^6 = 11.2 \times 10^3 \text{（mm}^2\text{）}$$

设 $l_y = 360\,\text{mm}$，有

$$b_y = \frac{11.2 \times 10^3}{360} = 31.1 \text{（mm）}$$

取 $b_y = 32.0\,\text{mm}$，则 $B_y = 1.17\,\text{T}$。磁极尺寸如图 6.15 所示。

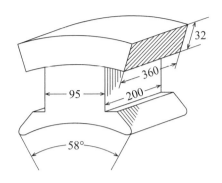

图 6.15 磁极铁心

6.3.6 励磁安匝数与励磁绕组

图 6.16 中的曲线 $\widetilde{OS}$ 为直流电动机的饱和曲线，横轴是励磁安匝数 A_{Tf}，纵轴是电压，设满载时电枢感应磁动势为 $\overline{OE}$。

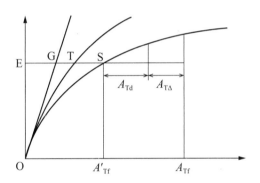

图 6.16 直流电动机的饱和曲线

在 $\widetilde{OS}$ 的原点处作切线 $\overline{OG}$，用 $\overline{EG}$ 表示气隙所需的安匝数 A_{Tg}，$\overline{GS}$ 表示铁质部分所需的安匝数 A_{Ts}。因此，额定电压下满载所需的安匝数为 $\overline{ES}$，设其大小为 A'_{Tf}，则

$$A'_{Tf} = A_{Tg} + A_{Ts} = 0.8 K_c K_s B_g \delta \times 10^3 \qquad (6.4)$$

实际上除了 A'_{Tf}，为了补偿电刷移动和交叉磁化作用造成的退磁，磁场内还必须分别追加安匝数 A_{Td} 和 $A_{T\Delta}$。所以，满载时磁场所需的安匝数 A_{Tf} 为

$$A_{Tf} = A'_{Tf} + A_{Td} + A_{T\Delta} \qquad (6.5)$$

在图 6.16 中，$\overline{\mathrm{GT}}$ 为电枢齿部所需的安匝数 A_{Tt}，$\overline{\mathrm{TS}}$ 为电枢轭部和定子轭部所需的安匝数。

换向极 $\beta = 0°$ 时，$A_{\mathrm{Td}} = 0$，

$$A_{\mathrm{T}\Delta} = K_{\Delta}\frac{\alpha_{\mathrm{i}}}{2}A_{\mathrm{C}} \tag{6.6}$$

式中，$K_{\Delta} = 0.2 \sim 0.3$。

对于带稳定绕组的他励电动机（或稳定分绕组电动机），是他励（或分绕组）励磁绕组的安匝数 A_{Th} 和稳定绕组的安匝数 A_{Te} 之和：

$$A_{\mathrm{Tf}} = A_{\mathrm{Th}} + A_{\mathrm{Te}} \tag{6.7}$$

下面讲解如何分配 A_{Th} 和 A_{Te}。

空载转速 n_0 与满载转速 n_{f} 之比为

$$\frac{n_0}{n_{\mathrm{f}}} = \frac{V\phi}{E\phi_0} = \frac{(E + \Delta E)\phi}{E(\phi + \Delta\phi)}$$

式中，V 为电枢端子电压（$\approx$ 空载感应电动势）；E 为满载时的感应电动势；ΔE 为内部电压降；ϕ 为满载时的磁通量；ϕ_0 为空载时的磁通量；$\Delta\phi$ 为空载时的磁通增量（$\phi_0 - \phi$）。

也就是说，从满载变为空载时，感应电动势从 E 增大到 $E + \Delta E$，转速也会增大；另一方面，磁通量失去退磁作用，ϕ 增大到 $\phi + \Delta\phi$，转速下降。

从运转稳定性出发，$n_0/n_{\mathrm{f}} > 1$ 较理想，所以

$$\frac{\Delta E}{E} > \frac{\Delta\phi}{\phi} \tag{6.8}$$

ϕ 来自 A'_{Tf}，ϕ_0 来自他励磁场的安匝数 A_{Th}。设 $\Delta A_{\mathrm{T}} = A_{\mathrm{Th}} - A'_{\mathrm{Tf}}$，则受饱和的影响：

$$\frac{\Delta\phi}{\phi} = K_{\Delta} \times \frac{\Delta A_{\mathrm{T}}}{A'_{\mathrm{Tf}}}$$

式中，$K_{\Delta} = 0.3 \sim 0.5$。

取 $K_\Delta = 0.5$，则

$$\frac{\Delta A_\mathrm{T}}{A'_\mathrm{Tf}} < \frac{2\Delta E}{E} \tag{6.9}$$

根据式（6.5）和式（6.7），有

$$A_\mathrm{Th} + A_\mathrm{Te} = A'_\mathrm{Tf} + A_{\mathrm{T}\Delta}$$

$$\therefore \quad \Delta A_\mathrm{T} = A_\mathrm{Th} - A'_\mathrm{Tf} = A_{\mathrm{T}\Delta} - A_\mathrm{Te} \tag{6.10}$$

将式（6.10）代入式（6.9），有

$$\frac{A_{\mathrm{T}\Delta} - A_\mathrm{Te}}{A'_\mathrm{Tf}} < \frac{2\Delta E}{E}$$

$$\therefore \quad A_\mathrm{Te} > A_{\mathrm{T}\Delta} - \frac{2\Delta E}{E} A'_\mathrm{Tf} \tag{6.11}$$

选择的 A_Te 须使上式成立。

根据式（6.4），这里取 $K_\mathrm{c} = 1.1$，$K_\mathrm{s} = 1.2$，

$$A'_\mathrm{Tf} = 0.8 \times 1.1 \times 1.2 \times 0.797 \times 4 \times 10^3 = 3367 \ （\mathrm{At}）$$

再根据式（6.6），$\alpha_\mathrm{i} = 0.67$，$\boldsymbol{A}_\mathrm{C} = 6980$，选择 $K_\Delta = 0.25$，则

$$A_{\mathrm{T}\Delta} = 0.25 \times \frac{0.67}{2} \times 6980 = 585 \ （\mathrm{At}）$$

所以，根据式（6.11）有

$$A_\mathrm{Te} > 585 - \frac{2 \times 17}{203} \times 3367 = 21 \ （\mathrm{At}）$$

稳定绕组被电枢电流励磁，每极匝数为 $21/227 = 0.1$。

所以，每匝线圈的 $A_\mathrm{Te} = 227\,\mathrm{At}$。

他励磁场的安匝数为

$$A_\mathrm{Th} = A'_\mathrm{Tf} + A_{\mathrm{T}\Delta} - A_\mathrm{Te} = 3367 + 585 - 227 = 3725 \ （\mathrm{At}）$$

视他励绕组的电压为励磁电压的 80%，$E_{\mathrm{f}} = 0.8 \times 220 = 176\,\mathrm{V}$。根据图 6.15，利用他励绕组的平均长度 $l_{\mathrm{f}} = 670\,\mathrm{mm}$ 进行概算：

$$q_{\mathrm{f}} = \frac{I_{\mathrm{f}}}{\Delta_{\mathrm{f}}} = A_{\mathrm{Th}} \times \frac{P\rho_{115}l_{\mathrm{f}}}{E_{\mathrm{f}}} = 3769 \times \frac{4 \times 0.0237 \times 670 \times 10^{-3}}{176} = 1.34 \text{（mm}^2\text{）}$$

使用圆线时，其直径 $d_{\mathrm{f}} = \sqrt{(4/\pi) \times 1.34} = 1.31\,\mathrm{mm}$。取 $d_{\mathrm{f}} = 1.3\,\mathrm{mm}$，$q_{\mathrm{f}} = 1.33\,\mathrm{mm}^2$。

励磁绕组的电流密度为 $\Delta_{\mathrm{f}} = 2 \sim 4\,\mathrm{A/mm}^2$，这里取 $\Delta_{\mathrm{f}} = 4.0\,\mathrm{A/mm}^2$，

$$I_{\mathrm{f}} = 1.33 \times 4 = 5.32 \text{（A）}$$

$$T_{\mathrm{f}} = \frac{A_{\mathrm{Th}}}{I_{\mathrm{f}}} = \frac{3725}{5.32} = 700$$

所以，取 700 匝。

他励绕组采用漆包线，直径会增大 $0.15\,\mathrm{mm}$。采用 37 段 × 14 层 +31 段 × 6 层绕法时，则励磁线圈的尺寸如下：

导线	$20 \times (1.3 + 0.15) = 29\,\mathrm{mm}$	导线	$37 \times (1.3 + 0.15) = 54\,\mathrm{mm}$
绝缘厚度	$2 \times 1 = 2\,\mathrm{mm}$	绝缘厚度	$2 \times 1 = 2\,\mathrm{mm}$
线圈厚度	$31\,\mathrm{mm}$	线圈高度	$56\,\mathrm{mm}$

线圈尺寸如图 6.17 所示。

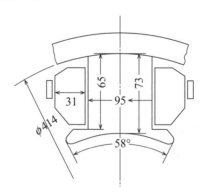

图 6.17　励磁线圈的尺寸

励磁绕组电阻为

$$R_{\mathrm{f}} = \rho_{115} \times \frac{P \times T_{\mathrm{f}} \times l_{\mathrm{f}} \times 10^{-3}}{q_{\mathrm{f}}} = 0.0237 \times \frac{4 \times 700 \times 670 \times 10^{-3}}{1.33}$$

$$= 33.4 \text{（}\Omega\text{）}$$

所以，励磁绕组电压 $E_f = 33.4 \times 5.32 = 178$（V）。

此外，稳定绕组的电流密度 $\Delta_e = 4.5\,\text{A/mm}^2$，导线截面积为

$$q_e = \frac{227}{4.5} = 50.4 \text{（mm}^2\text{）}$$

因此，选择两根 $1.8 \times 14 = 25.2\,\text{mm}^2$ 双层玻璃布缠绕铜扁线并绕（截面积为 $25.2 \times 2 = 50.4\,\text{mm}^2$），如图 6.17 所示进行平绕。

磁极铁心高度如图 6.17 所示，设 $h_p = 73\,\text{mm}$，则磁轭内径为

$$D + 2\delta + 2h_p = 260 + 2 \times 4 + 2 \times 73 = 414 \text{（mm）}$$

外径为 $414 + 32 \times 2 = 478\,\text{mm}$。

6.3.7 整流子与电刷

本例电枢绕组是波绕组，如图 6.8 所示，每槽嵌 3 个线圈边。整流片数 K 为槽数的 3 倍：

$$K = 3 \times 41 = 123$$

并联支路数 $a = 2$。整流子节距为

$$y_k = \frac{2 \times 123 - 2}{4} = 61$$

总导体数 $N = 246$。线圈节距为 $246/4 = 61.5$，取最接近的奇数 61，前节距和后节距都为 61。

通常，整流子直径 D_k 为电枢直径的 $60\%\sim75\%$，这里取 70%，有

$$D_k = 260 \times 0.7 = 182 \text{（mm）}$$

取 $D_k = 190\,\text{mm}$，则整流子节距 c_k 为

$$c_k = \frac{\pi \times 190}{123} = 4.85 \text{（mm）}$$

设整流片间云母绝缘宽度为 $0.8\,\text{mm}$，则整流子尺寸如图 6.18 所示。

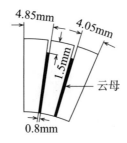

图 6.18　整流子尺寸

每槽嵌 3 个线圈边，所以电刷宽度 b_k 约为 $3 \times c_k$：

$$b_k = 3 \times 4.85 = 14.6 \text{（mm）}$$

取标准尺寸 16 mm。电刷接触面的电流密度 $\Delta_b = 60 \times 10^{-3} \sim 100 \times 10^{-3}$（A/mm^2）。

假设本例分别有两组正负电刷，通过一组电刷的电流为 113.5 A，所以 $\Delta_b = 75 \times 10^{-3}$ A/mm^2，则电刷的接触面积需为 $113.5/(75 \times 10^{-3}) = 1513$ mm^2。因此，将 3 个 $16 \times 32 = 512$ mm^2 电刷作为一组，排列如图 6.19 所示。$\Delta_b = 113.5/(16 \times 32 \times 3) = 73.9 \times 10^{-3}$ A/mm^2。这时，整流片长度 l_k 应设为 140 mm，而整流片高度 h_k 约为

$$h_k = 0.03 D_k + 0.08 l_k + 15 \text{ mm} \tag{6.12}$$

计算得到

$$h_k = 0.03 \times 190 + 0.08 \times 140 + 15 = 31.9 \text{（mm）}$$

取 $h_k = 32$ mm。

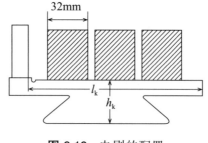

图 6.19　电刷的配置

6.3.8 整流时的电抗电压

● 整流中的电流变化

电枢线圈被电刷短路而进行整流时，如图 6.20 所示，整流片 1 和 2 之间的线圈整流从 1 接触 m 端时开始，2 离开 n 端时结束。其间，线圈电流从 $+I_a$ 变化到 $-I_a$。电流对应时间的变化如图 6.21，分成 a、b、c 三种状态。a 被称为过整流，电流变化快，在整流时间结束时被强制拉回 $-I_a$，这时会产生火花，当换向极的磁动势过大时会出现这种情况；c 被称为欠整流，电流变化缓慢，整流时间快要结束时电流仍在变化，也会产生火花，这种情况会发生在整流中线圈自感影响显著或换向极的磁动势不足时；b 是完全整流状态，电流呈直线变化，整流时间结束时电流的变化也完全结束。设置强度适当的换向极，可以实现完全整流。在完全整流状态下，整流中线圈自感 L_c 产生的电动势如 6.1.5 节所述，$e_k = L \times 2I_a/T_k$，这个值在整流过程中保持不变。在过整流和欠整流状态下，整流过程中每个瞬间的 e 都不同。瞬时值计算十分困难，可参考下式：

$$e_k = L \frac{2I_a}{T_k} \tag{6.13}$$

这被称为平均电抗电压，前文论述过。

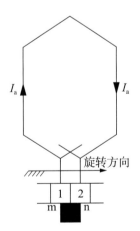

图 6.20 整流中的线圈

为了实现完全整流，要使用某种方法，如设置换向极，使整流过程中线圈在切割换向极磁通的同时进行旋转，由此产生的电动势 e_i 与 e_k 方向相反，大小相同。也可以通过电刷移动产生 e_i。

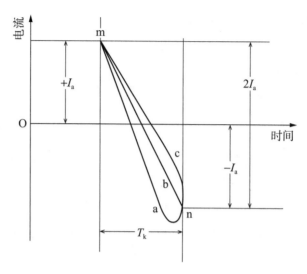

图 6.21　整流中的电流变化

● 电枢线圈的自感

图 6.22 所示为直流电动机整流中的一个线圈 AA′。假设每槽导体数为 Z_n，每个线圈的匝数为 $Z_n/2$。线圈产生的漏磁通包括槽内产生的磁通量 ϕ_i 和线圈端部产生的磁通量 ϕ_e，前者与 Z_n 导体数、后者与 $Z_n/2$ 导体数分别交链。

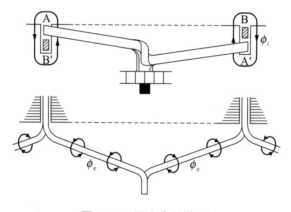

图 6.22　整流中的线圈

设线圈自感为 L，则每 1A 线圈电流产生的线圈交链磁通可以表示为

$$L = Z_n^2 l_i \zeta \times 10^{-9}\mathrm{H} \tag{6.14}$$

但是

$$\zeta = a + \frac{\tau}{l_1}b \tag{6.15}$$

式中，a 对于整节距绕组约为 4，对于短节距绕组约为 2；b 约为 0.7。

● 整流时间

如图 6.23 所示，整流片宽度 c_k（mm）、电刷宽度 b_k（mm）和整流子圆周速度 v_k（m/s）可参考电枢周边的投影 c_a、b_a 和 v_a，则

$$\frac{c_a}{c_k} = \frac{b_a}{b_k} = \frac{v_a}{v_k} = \frac{D}{D_k}$$

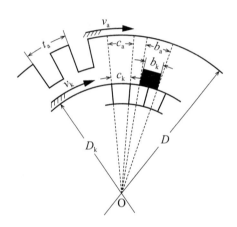

图 6.23 整流片宽度和电刷宽度

简单的叠绕组如图 6.24（a）所示，整流片间隙 P 从 m 移动到 n 的时间就是整流时间 T_k，可以表示为

$$T_k = \frac{b_k}{v_k} \times 10^{-3} = \frac{b_a}{v_a} \times 10^{-3} \tag{6.16}$$

对于图 6.24（b）所示的多层绕组，有 a/P 个并联支路的情况，电刷宽度要能满足 a/P 个以上整流片同时短路。也就是说，P_1 到 m 端时短路开始，P_2 到 n 端时短路结束。其间，整流子移动的距离为 $b_k - (a/P - 1)c_k$，整流时间为

$$T_k = \frac{b_k - \left(\frac{a}{P} - 1\right)c_k}{v_k} \times 10^{-3} \tag{6.17}$$

波绕组的情况如图 6.25 所示，距离为两极节距的电刷 A 和 B 之间的短路电流只通过 R 线。通过线圈连接的两个整流片 a 和 b 的间隔相当于两极节距，假设它与电刷 A 和 B 的间隔相等，当 P_1 到达 m 端、P_1' 到达 m′ 端时开始短路，P_2 到达 n 端、P_2' 到达 n′ 端时结束短路，则其间整流子移动的距离为 $b_k + c_k$。

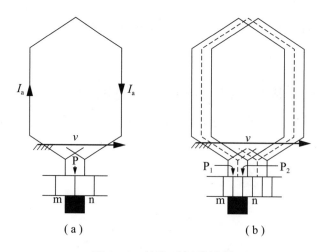

图 6.24　整流时间的计算

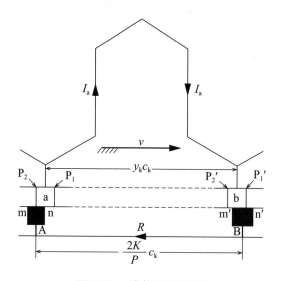

图 6.25　波绕组的整流

但是，波绕组的整流子节距为 $y_k = K/(P/2) \pm m$，包含整流子偏移 m。正是由于偏移的存在，电枢线圈才能依次连接，保证电流经过所有线圈后回到原线圈。设正负电刷连接的整流片数为 K'，原则上 $mK' = K/P$。此外，并联支路数 a 为 K/K'，即：

$$\frac{K}{K'} = mP = a$$

所以

$$m = \frac{a}{P}$$

如图 6.26 所示，a、b 两个整流片的间距为 $y_k c_k$，两极节距间隔为 $(2K/P)c_k$，这两者并不相等，它们的差为

$$y_k c_k - \frac{2K}{P} c_k = \pm \frac{a}{P} c_k$$

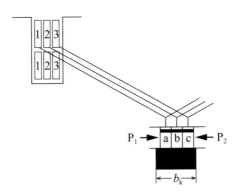

图 6.26　一个槽内嵌有多个线圈边时的整流时间计算

无论偏移是正还是负，只要整流子节距和两极节距存在差值，短路时间内移动的距离就会相应缩短：

$$b_k + c_k - \frac{a}{P} c_k = b_k - \left(\frac{a}{P} - 1 \right) c_k$$

这时，整流时间 T_k 为

$$T_k = \frac{b_k - \left(\frac{a}{P} - 1 \right) c_k}{v_k} \times 10^{-3} \tag{6.18}$$

图 6.26 所示为一个槽内嵌多个线圈边的情况，设上层线圈边 1、2、3 分别接整流片 a、b、c。这时，电刷宽度至少必须使连接一个槽的整流片 a、b、c 同时短路。

设线圈 1a 的整流时间为 T_k，其整流结束到下一个线圈 2b 整流结束为止的整流子移动距离为 c_k。同理，到线圈 3c 整流结束为止的整流子移动距离仍为 c_k。所以，一般情况下一个槽内嵌 u 个线圈边时，第 1 个线圈整流结束后移动 $(u/2-1)c_k$，该槽的所有线圈整流完毕。设一个槽的整流时间为 T_u，则

$$T_u = T_k + \frac{\left(\frac{u}{2} - 1 \right) c_k}{v_k} \times 10^{-3} = T_k + \frac{\left(\frac{u}{2} - 1 \right) c_a}{v_a} \times 10^{-3}$$

$$= \frac{b_a + \frac{u}{2} c_a - \frac{a}{P} c_a}{v_a} \times 10^{-3}$$

此外，设槽距为 t_a，则 $(u/2)c_a = t_a$，所以

$$T_u = \frac{b_a + t_a - \frac{a}{P}c_a}{v_a} \times 10^{-3}$$

平均电抗电压为

$$e_k = L_u \frac{2I_a}{T_u} \tag{6.19}$$

式中，L_u 为一槽线圈的自感。

6.3.9　换向极

图 6.27 所示为换向极磁通量分布，设图 6.27（a）中换向极铁心的宽度为 b_I，长度为 l_I。整流过程中线圈在整流时间内移动的距离为 $b_a + t_a - (a/P)c_a$，b_I 必须大于这个值：

$$b_I > b_a + t_a - \frac{a}{P}c_a \approx b_a + t_a \tag{6.20}$$

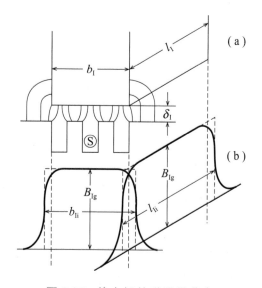

图 6.27　换向极的磁通量分布

图 6.27（b）所示为换向极的气隙磁通量分布，设最大磁通密度为 B_{Ig}，将分布与之相同的总磁通量想象成磁通密度为 B_{Ig}、宽为 b_{Ii}、长为 l_{Ii} 的矩形，则换向极的气隙磁通量 ϕ_I 为

$$\phi_I = B_{Ig} b_{Ii} l_{Ii} \times 10^{-6} \tag{6.21}$$

换向极铁心内的磁通量要加上漏磁通部分:

$$\phi_{\mathrm{Im}} = (1 + \sigma_{\mathrm{I}}) B_{\mathrm{Ig}} b_{\mathrm{Ii}} l_{\mathrm{Ii}} \times 10^{-6} \tag{6.22}$$

式中, σ_{I} 为漏磁系数, 可视为 0.25 左右。

设换向极气隙长度为 δ_{I} (通常大于主极气隙长度), 则换向极的有效宽度 b_{Ii} 可视为

$$b_{\mathrm{Ii}} = b_{\mathrm{I}} + 2.5\delta_{\mathrm{I}} \tag{6.23}$$

长度可视为

$$l_{\mathrm{Ii}} = l_{\mathrm{I}} + 2.5\delta_{\mathrm{I}} \tag{6.24}$$

在图 6.27 中, 线圈 S 以速度 v_{a} (m/s) 在换向极下旋转时产生的电动势 e_{I} (V) 为

$$e_{\mathrm{I}} = 2 \times \left(\frac{Z_{\mathrm{n}}}{2}\right) B_{\mathrm{Ig}} l_{\mathrm{Ii}} v_{\mathrm{a}} \times 10^{-3} \tag{6.25}$$

这个电动势和电抗电压 e_{k} 相等、方向相反时可以实现完全整流。根据

$$L_{\mathrm{u}} \frac{2I_{\mathrm{a}}}{T_{\mathrm{u}}} = Z_{\mathrm{n}} B_{\mathrm{Ig}} l_{\mathrm{Ii}} v_{\mathrm{a}} \times 10^{-3}$$

及

$$Z_{\mathrm{n}}^2 l_{\mathrm{i}} \zeta \times 10^{-9} \times \frac{2I_{\mathrm{a}}}{\frac{b_{\mathrm{a}} + t_{\mathrm{a}} - \frac{a}{P} c_{\mathrm{a}}}{v_{\mathrm{a}}} \times 10^{-3}} = Z_{\mathrm{n}} B_{\mathrm{Ig}} l_{\mathrm{Ii}} v_{\mathrm{a}} \times 10^{-3} \tag{6.26}$$

这里, 设

$$\alpha = \frac{b_{\mathrm{a}}}{t_{\mathrm{a}}} + 1 - \frac{a}{P} \frac{c_{\mathrm{a}}}{t_{\mathrm{a}}} \tag{6.27}$$

且

$$\frac{Z_{\mathrm{n}} I_{\mathrm{a}}}{t_{\mathrm{a}}} = a_{\mathrm{c}}$$

有

$$2a_{\mathrm{c}} l_{\mathrm{i}} \zeta = \alpha B_{\mathrm{Ig}} l_{\mathrm{Ii}} \times 10^3$$

$$\therefore \quad l_{\mathrm{It}} = \frac{2\zeta}{\alpha}\frac{a_{\mathrm{c}}}{B_{\mathrm{Ig}}}l_{\mathrm{i}} \times 10^{-3} \tag{6.28}$$

本例 $c_{\mathrm{k}} = 4.85\,\mathrm{mm}$、$b_{\mathrm{k}} = 16\,\mathrm{mm}$、$t_{\mathrm{a}} = \pi \times 260/41 = 19.9\,\mathrm{mm}$、$c_{\mathrm{a}} = 4.85 \times 260/190 = 6.64\,\mathrm{mm}$、$b_{\mathrm{a}} = 16 \times 260/190 = 21.9\,\mathrm{mm}$，根据式（6.15）和式（6.27）可得

$$\alpha = \frac{21.9}{19.9} + 1 - \frac{2}{4} \times \frac{6.64}{19.9} = 1.93$$

$$\zeta = 2 + 0.7 \times \frac{205}{200} = 2.72$$

换向极磁通量须与电流成正比，所以 B_{Ig} 不得饱和，$B_{\mathrm{Ig}} < 0.2\,\mathrm{T}$。

取 $B_{\mathrm{Ig}} = 0.10\,\mathrm{T}$，有

$$l_{\mathrm{Ii}} = 2 \times \frac{2.72}{1.93} \times \frac{34}{0.1} \times 197 \times 10^{-3} = 189 \text{（mm）}$$

根据主极气隙长度 $\delta = 4\,\mathrm{mm}$，取换向极气隙长度 $\delta_{\mathrm{I}} = 4\,\mathrm{mm}$，则换向极长度为

$$l_{\mathrm{I}} = 189 - 2.5 \times 4 = 179 \text{（mm）}$$

取 $l_{\mathrm{I}} = 190\,\mathrm{mm}$，则 $l_{\mathrm{Ii}} = 200\,\mathrm{mm}$，$B_{\mathrm{Ig}} = 0.094\,\mathrm{T}$。

换向极的有效宽度 b_{Ii} 为

$$b_{\mathrm{Ii}} = 21.9 + 19.9 = 41.8 \text{（mm）}$$

满足以上条件，换向极宽度 b_{I} 必须为

$$b_{\mathrm{I}} = 41.8 - 2.5 \times 4 = 31.8 \text{（mm）}$$

取 $b_{\mathrm{I}} = 32\,\mathrm{mm}$，则 $b_{\mathrm{Ii}} = 42\,\mathrm{mm}$。

取 $\sigma_{\mathrm{I}} = 0.25$，因为 $\phi_{\mathrm{I}} = 42 \times 200 \times 0.094 \times 10^{-6} = 0.79 \times 10^{-3} \text{（Wb）}$，所以换向极铁心内的磁通量 ϕ_{Im} 为

$$\phi_{\mathrm{Im}} = 1.25\phi_{\mathrm{I}} = 1.25 \times 0.79 \times 10^{-3} = 0.99 \times 10^{-3} \text{（Wb）}$$

铁心内的磁通密度 B_{I} 为

$$B_{\text{I}} = \frac{0.99 \times 10^{-3}}{32 \times 190} \times 10^6 = 0.163 \text{（T）}$$

可见，不会发生饱和。

换向极气隙所需的安匝数 A_{TIg} 为

$$A_{\text{TIg}} = 0.8 K_{\text{c}} B_{\text{Ig}} \delta_{\text{I}} \times 10^3 \tag{6.29}$$

取 $K_{\text{c}} = 1.15$，有

$$A_{\text{TIg}} = 0.8 \times 1.15 \times 0.094 \times 4 \times 10^3 = 346 \text{（At）}$$

施加给换向极的磁动势 A_{TI} 除了 A_{TIg}，电枢反应（交叉磁化作用）安匝数 $A_{\text{C}}/2$ 的约 95 % 都会弱化换向极：

$$A_{\text{TI}} = A_{\text{TIg}} + 0.95 \times \frac{A_{\text{C}}}{2}$$

$$\therefore \quad A_{\text{TI}} = 346 + 0.95 \times \frac{6980}{2} = 3662 \text{（At）} \tag{6.30}$$

换向极线圈的匝数 T_{I} 为

$$T_{\text{I}} = \frac{A_{\text{TI}}}{I} = \frac{3662}{227} = 16.1$$

取 $T_{\text{I}} = 17$，线圈的电流密度 $\Delta_{\text{I}} = 4.5\,\text{A/mm}^2$，则截面积 q_{I} 为

$$q_{\text{I}} = \frac{227}{4.5} = 50.4 \text{（mm}^2\text{）}$$

换向极线圈采用扁线时，有平绕和立绕两种绕法，如图 6.28 所示。

本例采用平绕，与稳定绕组相同，使用 $1.8 \times 14 = 25.2\,\text{mm}^2$ 扁线双线并绕（截面积为 $50.4\,\text{mm}^2$），绕成 4 段 × 4 层，$\Delta_{\text{I}} = 227/50.4 = 4.5\,\text{A/mm}^2$。具体尺寸根据制图情况而定。

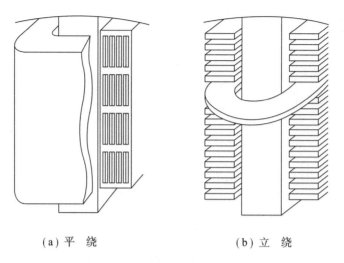

(a) 平　绕　　　　　　　　　　(b) 立　绕

图 6.28　换向极线圈的形状

6.3.10　补偿绕组

本例不使用补偿绕组，但这里还是介绍一下这种绕组的设计意图。图 6.29 所示为带有补偿绕组的磁极，其安培导体数与沿着极面的电枢安培导体数 $b_i a_c = \alpha_i \tau a_c = \alpha_i \boldsymbol{A}_C$ 相等，但电流方向相反。

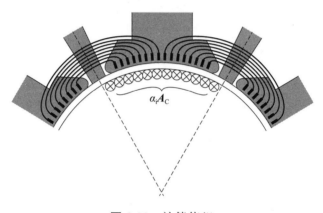

图 6.29　补偿绕组

补偿绕组的每极导体数 N_c/P 可用下式计算：

$$\frac{N_c}{P} = \frac{\alpha_i \boldsymbol{A}_C}{I}$$

配置补偿绕组后，根据式（6.30），换向极所需的安匝数仅为 A_{T1} 减去补偿绕组的安匝数 $A_{Tew} = (N_c/2P)I$，换向极线圈可明显减少。

6.3.11 主磁路的安匝数

通过上述计算可以得到所有磁路尺寸，下面精确计算主磁路的安匝数。

● 气隙的安匝数

根据 $A_{Tg} = 0.8K_cB_g\delta \times 10^3$，设 $K_c = 1.1$，因为 $B_g = 0.797\,T$，$\delta = 4\,mm$，所以

$$A_{Tg} = 0.8 \times 1.1 \times 0.78 \times 4 \times 10^3 = 2805 \text{（At）}$$

● 齿部的安匝数

如图 6.30 所示，齿距 $t_a = 19.9\,mm$，齿部最大宽度 $Z_{max} = 12.0\,mm$、最小宽度 $Z_{min} = 7.9\,mm$，齿部平均宽度（最小宽度处到 $h_t/3$ 处的齿宽）的计算方法与同步电机相同，根据式（3.23）有

$$Z_m = \frac{12 + 2 \times 7.9}{3} = 9.3 \text{（mm）}$$

所以根据式（3.24），齿部平均磁通密度 B_{tm} 为

$$B_{tm} = 0.98 \times \frac{19.9 \times 197}{9.3 \times 190} \times 0.797 = 1.73 \text{（T）}$$

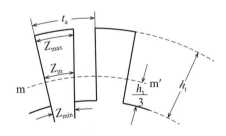

图 6.30 齿部平均宽度 Z_m

据图 3.22，$B_{tm} = 1.73\,T$ 时每 1 mm 齿高所需的安匝数 $a_{tm} = 5.6\,At/mm$。由于 $h_t = 27\,mm$，所以齿部安匝数 A_{Tt} 为

$$A_{Tt} = 5.6 \times 27 = 151 \text{（At）}$$

● 电枢轭部的安匝数

磁通密度 $B_c = 1.22\,T$，根据图 3.22 可求出 $a_{tc} = 0.6\,At/mm$。由于 $\tau = 205\,mm$，所以

$$A_{Tc} = 0.6 \times \frac{205}{2} = 62 \text{（At）}$$

● **主磁极的安匝数**

磁通密度 $B_p = 1.46\,\mathrm{T}$，使用软钢板时 $a_{tc} = 2.6\,\mathrm{At/mm}$，又因 $h_p = 73\,\mathrm{mm}$，所以

$$A_{Tp} = 2.6 \times 73 = 190\ (\mathrm{At})$$

● **定子磁轭的安匝数**

磁通密度 $B_y = 1.17\,\mathrm{T}$，使用软钢板时 $a_{ty} = 0.94\,\mathrm{At/mm}$。$l_y$ 取磁轭平均直径对应的极距的 1/2，根据图 6.18，磁轭的内经为 $414\,\mathrm{mm}$，外径为 $478\,\mathrm{mm}$，所以

$$l_y = \frac{414 + 478}{2} \times \pi \times \frac{1}{8} = 175\ (\mathrm{mm})$$

$$\therefore \quad A_{Ty} = 0.94 \times 175 = 165\ (\mathrm{At})$$

● **满载安匝数**

$$A'_{Tf} = A_{Tg} + (A_{Tt} + A_{Tc} + A_{Tp} + A_{Ty}) = 2805 + (151 + 62 + 190 + 165)$$

$$= 2805 + 568 = 3373$$

$$K_s = 1 + \frac{568}{2805} = 1.2\,（估算为1.2）$$

● **饱和曲线**

对各种磁通量进行反复计算，可以总结出表 6.4，作出饱和曲线图。计算时要注意，各部分的磁通密度与磁通量成正比。

由于磁场减弱，以 $2200\,\mathrm{r/min}$ 满载运转时的磁通量可以视为

$$21.5 \times 10^{-3} \times \frac{1150}{2200} = 11.2 \times 10^{-3}\ (\mathrm{Wb})$$

根据表 6.4 作出 $A_{Tg} + A_{Tt}$ 和 A'_{Tf} 的饱和曲线 $\widetilde{Oc}$ 和 $\widetilde{Oa}$，如图 6.31 所示。

表 6.4 饱和曲线的计算

磁通/Wb		11.2×10^{-3}	18×10^{-3}	21.5×10^{-3}	24×10^{-3}	26×10^{-3}	28×10^{-3}
气隙	B_g	0.415	0.667	0.797	0.89	0.964	1.04
	A_{Tg}	1461	2349	2805	3132	3393	3654
齿部	B_{tm}	0.9	1.45	1.73	1.93	2.09	2.25
	a_{tm}	0.24	1.6	5.6	15	34	80
	A_{Tt}	6	43	151	404	917	2157
电枢轭部	B_c	0.64	1.02	1.22	1.36	1.48	1.59
	a_{tc}	0.14	0.31	0.6	1.1	1.8	3.00
	A_{Tc}	14	32	62	114	186	310
磁极铁心	B_p	0.76	0.85	1.46	1.63	1.77	1.9
	a_{tp}	0.32	0.39	2.6	4.8	8.5	15
	A_{Tp}	23	29	190	351	621	1096
定子轭部	B_y	0.61	0.98	1.17	1.31	1.41	1.52
	a_{ty}	0.23	0.55	0.94	1.4	2.1	3.2
	A_{Ty}	40	97	165	246	369	562
$A_{Ts} = A_{Tt} + A_{Tc} + A_{Tp} + A_{Ty}$		83	201	568	1115	2093	4125
$A_{Tg} + A_{Tt}$		1467	2392	2956	3536	4310	5811
$A'_{Tf} = A_{Tg} + A_{Ts}$		1544	2550	3373	4247	5486	7779

6.3.12 速度变动率

电枢导体的平均长度为

$$l_a = 200 + 1.75 \times 205 = 559 \text{（mm）}$$

电刷间串联导体数 $Z/a = 246/2 = 123$，导体截面积 $q_a = 17.1\text{mm}^2$，因此

$$R_a = \rho_{115} \times \frac{Z/a \times l_a \times 10^{-3}}{2 \times q_a} = 0.0237 \times \frac{123 \times 559 \times 10^{-3}}{2 \times 17.1} = 0.0476 \text{（Ω）}$$

换向极线圈的每匝平均长度 $l_{If} = 520\,\text{mm}$，导体截面积 $q_I = 50.4\text{mm}^2$。由于 $T_I = 17$，所以线圈电阻为

$$R_I = \rho_{115} \times \frac{P \times T_I \times l_{If} \times 10^{-3}}{q_I} = 0.0237 \times \frac{4 \times 17 \times 520 \times 10^{-3}}{50.4}$$

$$= 0.0166 \text{（Ω）}$$

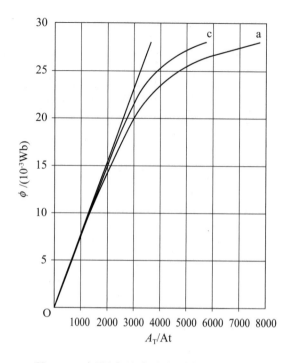

图 6.31　例题中的直流电动机饱和曲线

稳定绕组的每匝平均长度 $l_e = 720\,\text{mm}$，导体截面积 $q_e = 50.4\,\text{mm}^2$。每匝线圈有 4 极串联，但不能忽视极间连接长度 $l_{co} = 1000\,\text{mm}$，加上这部分长度后：

$$R_e = \rho_{115} \times \frac{(P \times T_e \times l_e + l_{co}) \times 10^{-3}}{q_e}$$

$$= 0.0237 \times \frac{(4 \times 1 \times 720 + 1000) \times 10^{-3}}{50.4} = 0.0018\ （\Omega）$$

电枢回路的总内阻为

$$R = R_a + R_I + R_e = 0.0476 + 0.0166 + 0.0018 = 0.066\ （\Omega）$$

其产生的压降为

$$\Delta E = IR + 2 \times 电刷压降 = 227 \times 0.066 + 2 \times 1 = 17\ （\text{V}）$$

满载时的电枢感应电动势 E 为

$$E = 220 - 17 = 203\ （\text{V}）$$

该值与估算值几乎相等，因此 $1150\,\mathrm{r/min}$ 满载时的磁通量为 $21.5\times 10^{-3}\mathrm{Wb}$，这里按 $A'_{\mathrm{Tf}}=3373\,\mathrm{At}$ 进行计算。

$A_{\mathrm{T}\Delta}$ 取 A'_{Tf} 的 0.1，有

$$A_{\mathrm{T}\Delta}=3373\times 0.1\approx 337\ （\mathrm{At}）$$

$$A_{\mathrm{Tf}}=3373+337=3710\ （\mathrm{At}）$$

稳定绕组的安匝数 $A_{\mathrm{Te}}=227\,\mathrm{At}$，所以他励磁场的安匝数 A_{Th} 为

$$A_{\mathrm{Th}}=3710-227=3483\ （\mathrm{At}）$$

此时的励磁电流 I_{f} 为

$$I_{\mathrm{f}}=\frac{3483}{700}=4.98\ （\mathrm{A}）$$

$$\Delta_{\mathrm{f}}=\frac{4.98}{1.33}=3.74\ （\mathrm{A/mm^{2}}）$$

励磁电流保持 $4.98\,\mathrm{A}$（$3483\,\mathrm{At}$）空载时，磁通量为图 6.31 所示的 $21.9\times 10^{-3}\mathrm{Wb}$，所以空载转速 n_{0} 为

$$n_{0}=1150\times \frac{220}{203}\times \frac{21.5\times 10^{-3}}{21.9\times 10^{-3}}=1224\ （\mathrm{r/min}）$$

速度变动率 ε 为

$$\varepsilon=\frac{1224-1150}{1150}\times 100\,\%=6.4\,\%$$

$2200\,\mathrm{r/min}$ 满载时的磁通量为

$$21.5\times 10^{-3}\times \frac{1150}{2200}=11.2\times 10^{-3}\ （\mathrm{Wb}）$$

根据图 6.31，由于此时 $A'_{\mathrm{Tf}}=1544\,\mathrm{At}$，$A_{\mathrm{T}\Delta}$ 为

$$A_{\mathrm{T}\Delta}=1544\times 0.1=154\ （\mathrm{At}）$$

所以

$$A_{\mathrm{Tf}}=1544+154=1698\ （\mathrm{At}）$$

他励磁场的安匝数 A_{Th} 为

$$A_{\mathrm{Th}} = 1698 - 227 = 1471 \ (\mathrm{At})$$

励磁电流为

$$I_{\mathrm{f}} = \frac{1471}{700} = 2.10 \ (\mathrm{A})$$

如图 6.31 所示，持续空载时的磁通量为 $10.5 \times 10^{-3} \mathrm{Wb}$，所以空载转速 n_0 为

$$n_0 = 2200 \times \frac{220}{203} \times \frac{11.2 \times 10^{-3}}{10.5 \times 10^{-3}} = 2543 \ (\mathrm{r/min})$$

速度变动率 ε 为

$$\varepsilon = \frac{2543 - 2200}{2200} \times 100\% = 15.6\%$$

6.3.13　损耗与效率

先来计算 $1150\,\mathrm{r/min}$ 的情况。

● 电枢、换向极绕组及稳定绕组的铜损

$$W_{\mathrm{Ca}} = I^2 R_{\mathrm{a}} = 227^2 \times 0.0476 = 2453 \ (\mathrm{W})$$

$$W_{\mathrm{CI}} = I^2 R_{\mathrm{I}} = 227^2 \times 0.0166 = 855 \ (\mathrm{W})$$

$$W_{\mathrm{Ce}} = I^2 R_{\mathrm{e}} = 227^2 \times 0.0018 = 93 \ (\mathrm{W})$$

$$W_{\mathrm{C}} = W_{\mathrm{Ca}} + W_{\mathrm{CI}} + W_{\mathrm{Ce}} = 3401 \ (\mathrm{W})$$

● 电刷的摩擦损耗与电损耗

整流子的圆周速度 $v_{\mathrm{k}} = \pi \times 190 \times (1150/60) \times 10^{-3} = 11.4 \ (\mathrm{m/s})$，所以根据式（1.14）有

$$W_{\mathrm{b}} = 2I(1 + 0.05v_{\mathrm{k}}) = 2 \times 227(1 + 0.05 \times 11.4) = 713 \ (\mathrm{W})$$

● 他励磁场的铜损

$$W_{\mathrm{f}} = I_{\mathrm{f}}^2 R_{\mathrm{f}} = 4.98^2 \times 33.4 = 828 \ (\mathrm{W})$$

● 铁 损

铁心轭部的体积（参照图 6.11）：

$$V_{\mathrm{Fc}} = \frac{\pi}{4} \times (206^2 - 110^2) \times 190 = 4527 \times 10^3 \ (\mathrm{mm}^3)$$

假设使用 50A470 硅钢板，根据表 1.1，铁心轭部的质量为

$$G_{\mathrm{Fc}} = 0.97 \times 7.7 \times 4527 \times 10^3 \times 10^{-6} = 33.8 \ (\mathrm{kg})$$

根据式（1.4）和表 1.2 计算每 1 kg 的铁损 w_{fc}，$B_{\mathrm{C}} = 1.22\,\mathrm{T}$，$\sigma_{\mathrm{Hc}} = 3.53$，$\sigma_{\mathrm{Ec}} = 28.2$，$f = 38.3\,\mathrm{Hz}$，所以：

$$w_{\mathrm{fc}} = 1.22^2(3.53 \times 0.383 + 28.2 \times 0.5^2 \times 0.383^2) = 3.55 \ (\mathrm{W/kg})$$

轭部的铁损 W_{Fc} 为

$$W_{\mathrm{Fc}} = w_{\mathrm{fc}} G_{\mathrm{Fc}} = 3.55 \times 33.8 = 120 \ (\mathrm{W})$$

根据图 6.11，铁心齿部的体积 V_{Ft} 为

$$V_{\mathrm{Ft}} = \frac{\pi}{4} \times (260^2 - 206^2) \times 196 - 7.9 \times 27 \times 41 \times 196 = 2160 \times 10^3 \ (\mathrm{mm}^3)$$

质量 G_{Ft} 为

$$G_{\mathrm{Ft}} = 0.97 \times 7.7 \times 2160 \times 10^3 \times 10^{-6} = 16.1 \ (\mathrm{kg})$$

根据式（1.5）和表 1.2 计算齿部每 1 kg 的铁损，$B_{\mathrm{tm}} = 1.73\,\mathrm{T}$，$\sigma_{\mathrm{Ht}} = 5.88$，$\sigma_{\mathrm{Et}} = 49.4$，所以：

$$w_{\mathrm{ft}} = 1.73^2(5.88 \times 0.383 + 49.4 \times 0.5^2 \times 0.383^2) = 12.2 \ (\mathrm{W/kg})$$

齿部铁损 W_{Ft} 为

$$W_{\mathrm{Ft}} = w_{\mathrm{ft}} G_{\mathrm{Ft}} = 12.2 \times 16.1 = 196 \ (\mathrm{W})$$

综上，总铁损 W_{F} 为

$$W_{\mathrm{F}} = W_{\mathrm{Fc}} + W_{\mathrm{Ft}} = 120 + 196 = 316 \ (\mathrm{W})$$

● **机械损耗**

$D = 260\,\mathrm{mm}$，$l_1 = 200\,\mathrm{mm}$，$v_a = 15.7\,\mathrm{m/s}$，根据式（1.11）有

$$W_\mathrm{m} = 8 \times 260 \times (200 + 150) \times 15.7^2 \times 10^{-6} = 179\ (\mathrm{W})$$

● **负载杂散损耗**

约为输出功率的 1%，$W_\mathrm{s} = 450\,\mathrm{W}$。

● **总损耗**

$$W = W_\mathrm{C} + W_\mathrm{b} + W_\mathrm{f} + W_\mathrm{F} + W_\mathrm{m} + W_\mathrm{s}$$
$$= 3401 + 713 + 828 + 316 + 179 + 450 = 5887\ (\mathrm{W})$$

● **效　率**

$$\eta = \frac{\text{输出功率}}{\text{输出功率} + W} \times 100\% = \frac{45 \times 10^3}{45 \times 10^3 + 5887} \times 100\% = 88.4\%$$

● **不考虑他励磁场铜损的效率（电枢效率）**

$$\eta' = \frac{45 \times 10^3}{45 \times 10^3 + 3401 + 713 + 316 + 179 + 450} \times 100\%$$
$$= \frac{45 \times 10^3}{45 \times 10^3 + 5059} \times 100\% = 89.9\%$$

电枢电流为

$$I_\mathrm{a} = \frac{45 \times 10^3 + 5059}{220} = 228\ (\mathrm{A})$$

估算 $\eta = 90\%$，$I_a = 227\,\mathrm{A}$。

接下来计算 $2200\,\mathrm{r/min}$ 时的效率。

电枢、换向极绕组和稳定绕组的铜损同上，$W_\mathrm{C} = 3401\,\mathrm{W}$；整流子圆周速度为 $21.9\,\mathrm{m/s}$，所以电刷的摩擦损耗和电损耗之和为 $W_\mathrm{b} = 951\,\mathrm{W}$；$I_\mathrm{f} = 2.10\,\mathrm{A}$，所以他励磁场的铜损为 $W_\mathrm{f} = 147\,\mathrm{W}$；$B_\mathrm{c} = 0.64\,\mathrm{T}$，$B_\mathrm{tm} = 0.90\,\mathrm{T}$，$f = 73.3\,\mathrm{Hz}$，所以铁损为 $W_\mathrm{F} = 231\,\mathrm{W}$；电枢圆周速度为 $29.9\,\mathrm{m/s}$，所以机械损耗为 $W_\mathrm{m} = 649\,\mathrm{W}$；视负载杂散损耗为输出功率的 1.65%，为 $743\,\mathrm{W}$。

因此，效率为 88.0%，不含他励磁场损耗在内的电枢效率为 88.3%，电枢电流为 $232\,\mathrm{A}$。

6.3.14　温　升

直流电动机的散热面积 O_a 如图 6.32 所示，包括电枢铁心外表面、侧表面和风道部分侧表面（每个风道有一个面）。铁心内径表面通风不良，不计入散热面积。因此，散热面积用下式计算：

$$O_a = \frac{\pi}{4}(D^2 - D_i^2) \times (2 + n_d) + \pi D l_1 \tag{6.31}$$

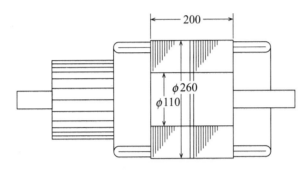

图 6.32　散热面积的计算

设电枢旋转时的圆周速度为 v_a（m/s），则温升 θ_a 为

$$\theta_a = \frac{W_i}{k O_a (1 + 0.1 v_a)} \tag{6.32}$$

但 W_i 是铁心内部产生的损耗，除铁损和槽内电枢铜损之外，负载杂散损耗的 2/3 都发生在这里：

$$W_i = W_F + \frac{l_i}{l_a} W_{Ca} + \frac{2}{3} W_s$$

且 $k = 20 \sim 30\,\mathrm{W/(m^2 \cdot ℃)}$。

本例 $W_F = 316\,\mathrm{W}$，$W_{Ca} = 2453\,\mathrm{W}$，$W_s = 450\,\mathrm{W}$，$l_a = 559\,\mathrm{mm}$，$l_i = 200\,\mathrm{mm}$，所以：

$$W_i = 316 + \frac{200}{559} \times 2453 + \frac{2}{3} \times 450 = 1494 \ (\mathrm{W})$$

又因 $D = 260\,\mathrm{mm}$，$D_i = 110\,\mathrm{mm}$，$n_d = 1$，所以：

$$O_a = \left[\frac{\pi}{4}(260^2 - 110^2)(2 + 1) + \pi \times 260 \times 200 \right] \times 10^{-6} = 0.294 \ (\mathrm{m^2})$$

设 $k = 28$，由 $v_\mathrm{a} = 15.7$（m/s）可得：

$$\theta_\mathrm{a} = \frac{1483}{28 \times 0.294(1 + 0.1 \times 15.7)} = 71 \text{（℃）}$$

电枢线圈的温升比该值高 5 ℃，估算为 76 ℃。

6.3.15　主要材料的用量

● 铜质量

电枢绕组的铜质量 G_Ca（kg）为

$$G_\mathrm{Ca} = \gamma_\mathrm{c} q_\mathrm{a} Z l_\mathrm{a} \times 10^{-6} \tag{6.33}$$

式中，γ_c 为铜的比重，取 8.9；q_a 为导体截面积（mm^2）；Z 为电枢总导体数；l_a 为单根导体的平均长度（m）。

计算可得：

$$G_\mathrm{Ca} = 8.9 \times 17.1 \times 246 \times 559 \times 10^{-6} = 21 \text{（kg）}$$

实际用量预增 10%，取 23 kg。

稳定绕组的铜质量 G_Ce（kg）为

$$G_\mathrm{Ce} = \gamma_\mathrm{c} q_\mathrm{e}（PT_\mathrm{e}l_\mathrm{e} + \text{连接线长度}）\times 10^{-6}$$

式中，q_e 为导体截面积（mm^2）；P 为极数；T_e 为每极匝数；l_e 为每匝线圈的平均长度（m）。

计算可得：

$$G_\mathrm{Ce} = 8.9 \times 50.4 \times (4 \times 1 \times 720 + 1000) \times 10^{-6} = 1.7 \text{（kg）}$$

实际用量预计为 2 kg。

他励绕组的铜质量 G_Cf（kg）为

$$G_\mathrm{Cf} = \gamma_\mathrm{e} q_\mathrm{f} PT_\mathrm{f} l_\mathrm{f} \times 10^{-6} \tag{6.34}$$

式中，q_f 为导体截面积（mm^2）；P 为极数；T_f 为每极匝数；l_f 为每匝线圈的平均长度（m）。

计算可得：

$$G_{Cf} = 8.9 \times 1.33 \times 4 \times 670 \times 700 \times 10^{-6} = 22.2 \text{（kg）}$$

实际用量预计为 $25\,\mathrm{kg}$。

换向极绕组的铜质量计算同上：

$$G_{CI} = 8.9 \times 50.4 \times 4 \times 17 \times 520 \times 10^{-6} = 15.9 \text{（kg）}$$

实际用量预计为 $18\,\mathrm{kg}$。

整流子的铜质量 G_{Ck}（kg）为

$$G_{Ck} = \gamma_c \times \frac{\pi}{4}[D_k^2 - (D_k - 2h_k)^2]l'_k \times 10^{-6} \tag{6.35}$$

式中，D_k 为整流子外径（mm）；h_k 为整流子高度（mm）；l'_k 为整流片总长度（mm）。

l'_k 为图 6.19 中的 $l_k = 140\,\mathrm{mm}$ 与树脂部分长度之和，即 $160\,\mathrm{mm}$，所以：

$$G_{Ck} = 8.9 \times \frac{\pi}{4}[190^2 - (190 - 2 \times 32)^2] \times 160 \times 10^{-6} = 22.6 (\mathrm{kg})$$

实际用量预增 10%，取 $25\,\mathrm{kg}$。

● 铁质量

电枢铁心（含槽部）的质量 G_F（kg）为

$$G_F = \gamma_F \times 0.97 \times \frac{\pi}{4}(D^2 - D_i^2)l \times 10^{-6} \tag{6.36}$$

式中，γ_F 为钢板密度 $=7.7\,\mathrm{kg/dm^3}$；D 和 D_i 分别为铁心的外径和内径（mm）；l 为铁心的净长（mm）。

计算如下：

$$G_F = 7.7 \times 0.97 \times \frac{\pi}{4}(260^2 - 110^2) \times 190 \times 10^{-6} = 61.9 \text{（kg）}$$

但是，铁心由钢板冲制而成，会产生大量铁屑，要留出 25% 的余量，需预备 $77\,\mathrm{kg}$ 的原材料用量。

6.3.16　电枢回路的电感

电枢回路的电感 L_a（H），可用下述根据许多直流电动机的平均实验值得出的经验式计算：

$$L_a = 19.1 \times C_x \times \frac{V}{PnI} \tag{6.37}$$

式中，V 为额定电压（V）；P 为极数；n 为额定转速（r/min）；I 为额定电枢电流（A）；C_x 在无补偿绕组时为 0.3 ~ 0.4，有补偿绕组时为 0.1 ~ 0.15。

本例取 $C_x = 0.3$，有

$$L_a = 19.1 \times 0.3 \times \frac{220}{4 \times 1150 \times 227} = 0.0012（\text{H}）= 1.2（\text{mH}）$$

6.3.17　强制通风用电动送风机

每 1 kW 直流电动机热损耗所需的冷却风量约为 $5\,\text{m}^3/\text{min}$。

本例的热损耗合计为

$$W_h = W_C + W_b + W_f + W_F + W_s$$
$$= 3401 + 713 + 828 + 316 + 450 = 5708（\text{W}）$$

所需的风量为

$$Q_h = 5708 \times 10^{-3} \times 5 = 28.5（\text{m}^3/\text{min}）$$

本例直流电动机内的风阻损耗约为 $980\,\text{Pa}$，选择 $30\,\text{m}^3/\text{min}$ 的多翼式风扇。

驱动风扇所需的功率为

$$P_B = \frac{QH}{6120 \times \eta_B \times 9.8}（\text{kW}） \tag{6.38}$$

式中，Q 为风量（m^3/min）；H 为风压（Pa）；η_B 为送风机的效率（多翼式风扇为 0.45 ~ 0.55）。

本例取 $\eta_B = 0.45$，有

$$P_B = \frac{30 \times 980}{6120 \times 0.45 \times 9.8} = 1.09（\text{kW}）$$

驱动用电动机的额定输出功率要留出余量，选择标准额定功率 1.5 kW。

6.3.18 设计表

以上计算汇总为表 6.5。

表 6.5 直流电动机设计表

直流电动机 设计表

规　格								
用途	一般工业用	机型	直流电动机	励磁方式	带稳定绕组的他励	防护类型	防滴式	冷却方式 自行通风
输出功率	45　　kW	极数	4　　P	转速	1150/2200 r/min	电流	228/232　A	工作制　连续
电压	220　　V	励磁电压	220　　V	励磁电流	4.98/2.1　A			
标准	JEC-2120-2000	耐热等级	155（F）	送风机用电动机1.5		kW		

主要参数								
比容量 s/f	32.6	基准磁负荷 ϕ_0	2.7×10^{-3}Wb	磁负荷 ϕ	21.5×10^{-3}Wb	电负荷 A_C	6 980	
电枢外径 D	260　mm	极距 τ	205　　mm	磁比负荷 B_g	0.797　　T	电比负荷 a_C	34　At/mm	气隙长度 δ　4　mm

电　枢		整流子，电刷		励磁绕组		稳定绕组		换向极	
电枢绕组形式	波绕组	整流片数 K	123	他励绕组安匝数 A_{Tb}	3 483/1 471	稳定绕组安匝数 A_{Te}	227	换向极安匝数 A_l	3 662
电枢总导体数 N	246	整流子节距 y_k	61	励磁电流 I_f	4.98/2.1　A	稳定绕组匝数 T_e	1	换向极匝数 T_l	17
槽 数 N_1	41	整流子直径 D_k	190　mm	他励绕组匝数 T_f	700	导体宽度	1.8 mm	导体宽度	1.8 mm
导体宽度	1.8　mm	整流子节距 C_k	4.85　mm	导体直径 d_f	1.3　mm	导体高度	14 mm	导体高度	14 mm
导体高度	9.5　mm	云母绝缘厚度	0.8　mm	导体截面积 q_f	1.33　mm²	导体并绕数	2	导体并绕数	2
导体截面积 q_a	17.1　mm²	整流片长度 L_k	140　mm	电流密度 Δ_f	3.65 A/mm²	导体截面积 q_e	50.4 mm²	导体截面积 q_l	50.4 mm²
电流密度 Δ_a	6.64 A/mm²	整流片高度 h_k	32　mm			电流密度 Δ_e	4.5 A/mm²	电流密度 Δ_l	4.5 A/mm²
每槽导体数	6	电刷宽度 b_k	16　mm						
导体并联数	3	电刷厚度	32　mm						
齿部平均磁通密度 B_m	1.73/0.9　T	电刷组数	3						
轭部磁通密度 B_c	1.22/0.64 T	电刷电流密度 Δ_b	73.9×10^{-3}A/mm²						

电路常数		损　耗		运转特性		饱和特性			
电枢绕组电阻 R_a	0.0476　Ω	电枢绕组铜损 W_{ca}	2 453　W	1 150 min⁻¹		磁通量	A_{Tg}	A_{Ts}	A'_{Tf}
换向极绕组电阻 R_l	0.0166　Ω	换向极绕组铜损 W_{cl}	855　W	效率 η	88.4%	11.2×10^{-3}	1 461	83	1 545
稳定绕组电阻 R_e	0.0018　Ω	稳定绕组铜损 W_{ce}	93　W	效率 η'（除他励磁场）	89.9%	18×10^{-3}	2 349	201	2 550
电枢回路电阻 R	0.066　Ω	电枢摩擦损耗与电损耗 W_b	713　W	2 200min⁻¹		21.5×10^{-3}	2 805	568	3 373
他励绕组电阻 R_f	33.4　Ω	他励绕组铜损 W_f	828　W	效率 η	88.0%	24×10^{-3}	3 132	1 115	4 247
电阻值换算温度	115　℃	总铁损	316　W	效率 η'（除他励磁场）	88.3%	26×10^{-3}	3 393	2 093	5 486
电枢回路电感 L_a	1.2　mH	机械损耗（风损）W_m	179　W			28×10^{-3}	3 654	4 125	7 779
		负载杂散损耗 W_t(1%)	450　W						

主要尺寸
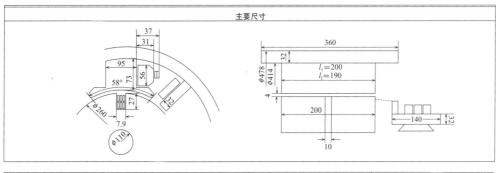

日期：　　年　月　日	设计编号：	设计者：

第7章 变压器的设计

变压器的原理性结构十分简单，但是大容量变压器、超高压变压器的绕组、绝缘结构、冷却结构相当复杂。

电力变压器多为负载时抽头切换变压器，另有整流器用变压器、电炉用变压器等特殊用途的变压器，它们在结构上各不相同。随着电磁钢板等材料、分析技术的进步，变压器的环境适应性得以提升，以低损耗、低噪声、小型化为目的的变压器新技术层出不穷。

7.1 变压器铁心

变压器按铁心及绕组的结构大致可分为壳式和芯式，芯式又可根据铁心结构为单相二柱、单相三柱、三相三柱和三相五柱等，如图 7.1 所示。

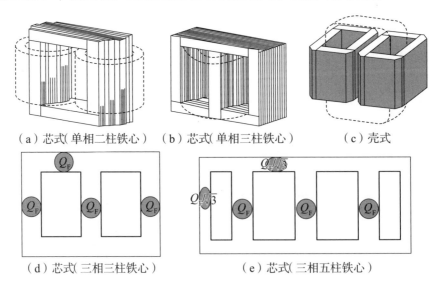

（a）芯式（单相二柱铁心）　（b）芯式（单相三柱铁心）　（c）壳式

（d）芯式（三相三柱铁心）　　　（e）芯式（三相五柱铁心）

图 7.1　变压器的铁心结构

三相变压器一般采用三相三柱铁心。三相五柱铁心的轭部截面积约为三相三柱铁心的 $1/\sqrt{3}$，常用于运输或使用场所高度受限的大容量三相变压器。

小容量变压器的铁心截面为矩形，中容量以上的铁心截面形状如图 7.2 所示，为圆内接多边形。

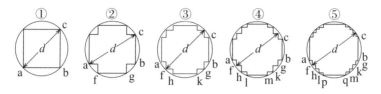

图号	ab	fg	hk	lm	pq	多边形面积 / 圆面积 n
①	0.707d					0.637
②	0.851d	0.536d				0.787
③	0.906d	0.707d	0.424d			0.851
④	0.933d	0.795d	0.607d	0.359d		0.886
⑤	0.950d	0.846d	0.707d	0.534d	0.314d	0.908

图 7.2 多边形铁心截面

近年来，变压器的铁心材料多选用高性能的高磁通密度各向同性硅钢板，为了充分发挥其压延方向上各向同性的特点，小容量变压器会按压延方向将长硅钢板卷成卷绕铁心结构使用，如图 7.3 所示。中容量以上则如图 7.4 所示，铁心由端部切割成 45° 的硅钢板拼接而成，采用尽可能使磁路沿压延方向的框连接。

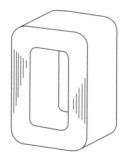

图 7.3 卷绕铁心

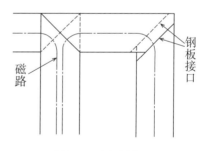

图 7.4 框式铁心

7.2 变压器绕组

7.2.1 绕组的配置

芯式变压器绕组如图 7.5 所示，低压绕组 L 位于铁心内侧，高压绕组 H 位于外侧，同心配置。

壳式变压器绕组如图 7.6 所示，低压端和高压端绕组分为多个交错配置。这样，开成几个高低压组合，可以减小漏抗。

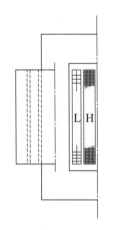

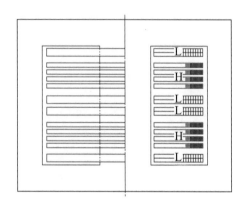

图 7.5 芯式变压器的绕组配置　　图 7.6 壳式变压器的绕组配置

7.2.2 绕组的结构

小容量变压器如图 7.7 所示，采用圆线或扁线层绕在铁心上，层间插入绝缘纸，形成多层圆筒式绕组。

大容量芯式变压器采用图 7.8 所示的圆形盘式绕组。

盘式绕组由扁线按圆盘状连续缠绕而成，如图 7.9 所示。各盘式线圈之间插入起绝缘和冷却作用的纸板进行间隔。当电流大，多线并绕时，为了使各导体的电流分布更均匀，可以在绕制过程中进行导体换位，如图 7.10 所示。注意，并绕数在 2 以上时，若不进行适当换位，并联导体间的循环电流可能会导致损耗增大、温升过大等后果。

绕组的绝缘方法因电压而异，图 7.11 所示为某芯式特高压变压器的绝缘结构，采用低压绕组在铁心侧的同心绕组配置。铁心和低压侧绕组之间、低压侧绕组和高压侧绕组之间通过绝缘护筒进行油道分割。绕组上下放置屏蔽环以屏蔽电场，高压侧绕组端部以 L 形模制绝缘护筒强化绝缘。采用绝缘护筒分割绝缘结构，可以获得油道越窄、绝缘强度越高的 E（击穿电场强度）$-d$（间距）特性。

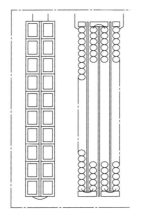

图 7.7 多层圆筒式绕组

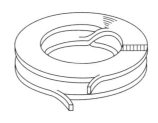

图 7.8 圆形双层盘式线圈

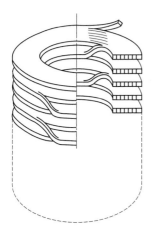

图 7.9 连续盘式绕组

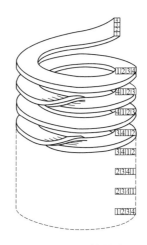

图 7.10 导体换位

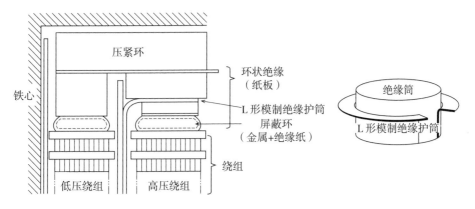

图 7.11 芯式变压器的绝缘结构

191

图 7.12 为大容量壳式变压器中使用的矩形双层线圈，线圈之间夹有绝缘物，如图 7.13 所示，低压绕组和高压绕组交错层叠在铁心中。

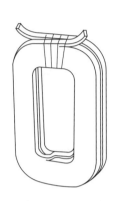

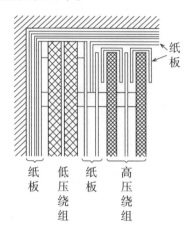

纸板

纸板　低压绕组　纸板　高压绕组

图 7.12　壳式变压器的双层线圈　　　　图 7.13　壳式变压器的绝缘

7.2.3　绕组相关注意事项

▶ 变压器出于绝缘和冷却需要，一般会将绕组浸入矿物油、合成油或 SF_6 气体等介质中，因此绕组必须选用不会被上述介质溶解或腐蚀的绝缘材料。另外，绝缘材料最好选用致密、易被油类渗透的类型。

▶ 绕组有电感，且同时存在对地电容，当雷电等异常电压侵入时，容易出现局部电压增高而导致绝缘破坏。为此，在结构上要尽量使绕组内的电压得以平均分摊。

　图 7.14（b）所示为高串联容量绕组为了使绕组内的电压分摊平均，加大绕组间电容（串联电容）的例子。

▶ 有电压调整抽头时，从绕组端部引出，如图 7.15（a）所示，会因磁动势不均衡而产生漏磁通（abc），漏抗增大，产生负载杂散损耗。为了防止这种情况，抽头最好从绕组中央或分几处引出：从中央伸出时如图 7.15（b）所示，磁动势比较均衡，漏磁通（abcd）减小。

▶ 多线并绕时，同样要通过换位使电流分布均匀。在多个线圈并联的情况下，各线圈的漏磁通状态如果不同，也会发生电流分布不均，要注意配置。

▶ 高短路阻抗变压器和大容量变压器的漏磁通很大，不仅导体内，外部金属部分也会产生涡流，导致损耗增大、局部过热。这时，就要研究导体尺寸、靠近绕组的金属材质及结构了。

▶ 外部电路发生短路时，短路电流和漏磁通会在绕组上产生极大的机械力作用，绕组自身结构及其与铁心的支撑结构必须能够承受这种机械力。

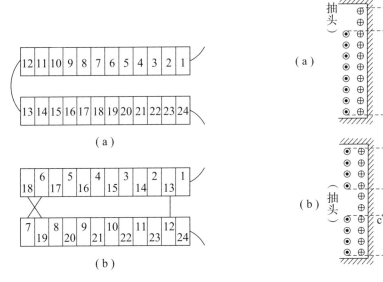

图 7.14　连续盘式绕组与高串联容量绕组　　　图 7.15　抽头位置和漏磁通

7.3　单相变压器的设计实例

以某单相芯式变压器的设计为例，规格如下：

▶ 油浸自冷，标准 JIS C 4304：2013（配电标准）。

▶ 额定容量 20 kV·A，频率 50 Hz。

▶ 一次电压 F6750-R6600-F6450-F6300-6150V（R 表示额定电压；F 表示全容量抽头电压；缺省表示降容量抽头电压）。

▶ 二次电压 210～105 V（单相三线制）。

7.3.1　负荷分配

配电用小型变压器大多采用各向同性硅钢板制成的卷绕铁心，由于铁心特性良好，为了使特性达标，设计上趋向铁机。本例采用单相二柱铁心。

- ▶ 容量：$20\,(\mathrm{kV \cdot A})$。
- ▶ 一次电流：

$$6600\,\mathrm{V}\text{抽头}\qquad I_1 = \frac{20 \times 10^3}{6600} = 3.03\,(\mathrm{A})$$

$$6300\,\mathrm{V}\text{抽头}\qquad I_1 = \frac{20 \times 10^3}{6300} = 3.18\,(\mathrm{A})$$

- ▶ 二次电流：$I_2 = \frac{20 \times 10^3}{210} = 95.2\,(\mathrm{A})$。
- ▶ 每柱容量：$s = \frac{20}{2} = 10\,(\mathrm{kV \cdot A})$，$P = 2$。
- ▶ 比容量：$\frac{s}{f \times 10^{-2}} = \frac{10}{0.5} = 20\,(\mathrm{kV \cdot A})$。

根据式（2.56），设 $\gamma = 1$、$\chi = 4.47$，取基准磁负荷 $\phi_0 = 0.35 \times 10^{-2}$，则磁负荷 ϕ 为

$$\phi = \chi\phi_0 = 4.47 \times 0.35 \times 10^{-2} = 1.57 \times 10^{-2}\,(\mathrm{Wb})$$

设 $210\,\mathrm{V}$ 对应的二次匝数为 T_2，则有

$$T_2 = \frac{E_2}{4.44\phi f} = \frac{210}{4.44 \times 1.57 \times 10^{-2} \times 50} = 60.3$$

取整数 $T_2 = 60$，则 $6600\,\mathrm{V}$ 对应的匝数为

$$T_1 = T_2 \times \frac{E_1}{E_2} = 60 \times \frac{6600}{210} \approx 1886$$

各抽头对应的匝数与电压成正比，计算结果如下：

电压/V	6750	6600	6450	6300	6150
匝数	1929	1886	1843	1800	1757

设一次匝数为 965 和 964 的绕组各有一个，$105\,\mathrm{V}$ 对应的二次匝数为 $60/2 = 30$，按每柱 15 匝、双层配置，则分段交叉接线如图 7.16 所示。

再次计算磁负荷为：

$$\phi = \frac{210}{4.44 \times 60 \times 50} = 1.58 \times 10^{-2}\,(\mathrm{Wb})$$

电负荷为

$$A_{\mathrm{T}} = \frac{I_1 T_1}{P} = \frac{3.03 \times 1886}{2} = 2857\,(\mathrm{At})$$

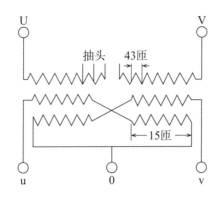

图 7.16　配电变压器的接线

7.3.2　比负荷与主要尺寸

变压器的比负荷和电流密度可按表 7.1 取值。

表 7.1　变压器的比负荷和电流密度

比负荷 ＼ 容量		小容量	中容量	大容量
磁比负荷 B_c/T	各向同性	1.5 ~ 1.7	1.6 ~ 1.8	1.6 ~ 1.8
	各向异性	1.0 ~ 1.3	1.2 ~ 1.4	–
电比负荷 a_t/（At/mm）		10 ~ 20	20 ~ 50	50 ~ 100
电流密度 Δ/（A/mm^2）		2 ~ 3	2.5 ~ 4	2.5 ~ 4.5

此外，电比负荷与铁心窗内铜的占空系数有关，要注意电压高时比负荷值偏小。

设磁比负荷为 B_c，则铁心截面积 Q_F 为

$$Q_F = a \times b = \frac{\phi}{0.9B_c} \tag{7.1}$$

当铁心截面为矩形时，a 和 b 分别为柱部的宽度和厚度，0.9 为钢板的占空系数。a 和 b 的比例取决于铁心形状，如图 7.17 所示。设窗内铜线的总截面积为 Q_c（mm^2），则

$$Q_c = (q_1 T_1 + q_2 T_2)$$

式中，q_1 和 q_2 分别为一次侧和二次侧的铜线截面积（mm^2）。

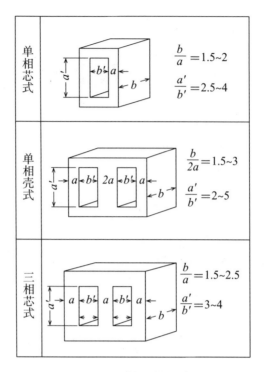

图 7.17 铁心的尺寸

设一次和二次的平均电流密度为 Δ（$\mathrm{A/mm^2}$），则

$$Q_\mathrm{c} = \frac{I_1 T_1 + I_2 T_2}{\Delta} = \frac{2 I_1 T_1}{\Delta} = \frac{2 \times 2 \boldsymbol{A}_\mathrm{T}}{\Delta} \qquad (7.2)$$

铁心的窗口面积（$\mathrm{mm^2}$）为

$$a' \times b' = \frac{Q_\mathrm{c}}{f_\mathrm{c}} \qquad (7.3)$$

式中，a' 为窗口高度；b' 为窗口宽度（图 7.17）；f_c 为窗内铜的占空系数，由电压和容量决定，如图 7.18 所示。

本例使用各向同性硅钢板 30P105，取磁比负荷 $B_\mathrm{c} = 1.6\,\mathrm{T}$，则铁心截面积为

$$Q_\mathrm{F} = \frac{1.58 \times 10^{-2}}{0.9 \times 1.6} = 1.1 \times 10^{-2}\ (\mathrm{m^2}) = 110 \times 10^2\ (\mathrm{mm^2})$$

因此，设柱宽 $a = 80\,\mathrm{mm}$，柱厚 $b = 140\,\mathrm{mm}$，则

$$a \times b = 80 \times 140 = 112 \times 10^2\ (\mathrm{mm^2}) = 112 \times 10^{-4}\mathrm{m^2}$$

$$\frac{b}{a} = \frac{140}{80} = 1.75$$

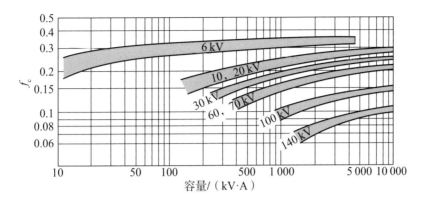

图 7.18 铜的占空系数

根据上述值再次计算 B_c：

$$B_c = \frac{1.58 \times 10^{-2}}{0.9 \times 112 \times 10^{-4}} = 1.57 \text{（T）}$$

取铜线的平均电流密度 $\Delta = 2.6\,\text{A/mm}^2$，窗内铜线的总截面积为

$$Q_c = \frac{4A_T}{\Delta} = \frac{4 \times 2857}{2.6} = 4395 \text{（mm}^2\text{）}$$

根据图 7.18，本例为 6 kV 级、20 kV·A，所以取铜的占空系数 $f_c = 0.25$。根据式（7.3），窗口面积为

$$a' \times b' = \frac{4395}{0.25} = 17\,580 \text{（mm}^2\text{）}$$

参考表 7.1，取电比负荷 $a_t = 12.5\,\text{At/mm}$，绕组高度 h 为

$$h = \frac{2857}{12.5} = 229 \text{（mm）}$$

加上绕组上下端部绝缘所需的尺寸，铁心窗口高度为

$$a' = h + 21 = 229 + 21 = 250 \text{（mm）}$$

窗口宽度为

$$b' = \frac{a' \times b'}{a'} = \frac{17580}{250} = 70.3 \text{（mm）}$$

留出余量，取 $b' = 75\,\text{mm}$。

通过以上计算得到的铁心尺寸如图 7.19 所示，实际设计时使用标准线，绕组尺寸需要进行修正。

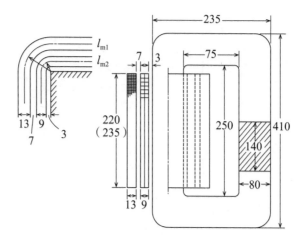

图 7.19　铁心和绕组的尺寸

7.3.3　绕组尺寸

小型变压器使用圆线或扁线制成的圆筒式绕组,要根据铁心的窗口尺寸确定绕组尺寸,调整铜线尺寸、层数、每层匝数等。

分别取一次和二次的铜线电流密度为 $\Delta_1 = 2.8\,\mathrm{A/mm^2}$、$\Delta_2 = 2.4\,\mathrm{A/mm^2}$,则一次铜线截面积 q_1 为

$$q_1 = \frac{I_1}{\Delta_1} = \frac{3.18}{2.8} = 1.136 \ (\mathrm{mm^2})$$

使用圆线时,直径 d_1 为

$$d_1 = \sqrt{\frac{4}{\pi} \times 1.136} \approx 1.20 \ (\mathrm{mm})$$

取 $d_1 = 1.2\,\mathrm{mm}$,则 $q_1 = 1.13\,\mathrm{mm^2}$,$\Delta_1 = 2.81\,\mathrm{A/mm^2}$。

二次铜线截面积 q_2 为

$$q_2 = \frac{I_2}{\Delta_2} = \frac{95.2}{2.4} = 39.7 \ (\mathrm{mm^2})$$

选用 $14\,\mathrm{mm} \times 2.8\,\mathrm{mm}$ 包纸扁线时,$q_2 = 38.8\,\mathrm{mm^2}$,$\Delta_2 = 2.45\,\mathrm{A/mm^2}$。$14\,\mathrm{mm} \times 2.8\,\mathrm{mm}$ 的截面积为 $39.2\,\mathrm{mm^2}$,加工为扁线时会磨边,所以标准线的截面积为 $38.8\,\mathrm{mm^2}$。

一次绕组分为 965 匝和 964 匝各一个，一个是 5 层 161 匝加 1 层 160 匝，合计 6 层；另一个只有最后一层是 159 匝。二次绕组是 2 层 15 匝。各绕组的高度和宽度如下。

● **一次绕组的高度**

铜线	$(161+1)\times(1.2+0.15)=218.7$
其他	1.3
高度	220（mm）

● **一次绕组的宽度**

铜线	$6\times(1.2+0.15)=8.1$
层间绝缘	$(0.5\sim1)\times5=3.5$
其他	1.4
宽度	13（mm）

考虑到铜线绝缘厚度，线圈头部和尾部的重叠，计算高度时要注意匝数加 1。

● **二次绕组的高度**

铜线	$(15+1)\times(14+0.5)=232$
余量及其他	3
高度	235（mm）

● **二次绕组的宽度**

铜线	$2\times(2.8+0.5)=6.6$
层间绝缘	1
余量及其他	1.4
宽度	9（mm）

以上尺寸的绕组嵌入图 7.19 所示的铁心中，还要考虑绝缘和冷却问题。

7.3.4　电压调整率

设电阻压降率为 q_r（%），漏抗压降率为 q_x（%），负载功率因数为 $\cos\phi$，则变压器的电压调整率 ε（%）可用下式计算：

$$\varepsilon = q_r\cos\phi + q_x\sin\phi + \frac{(q_x\cos\phi - q_r\sin\phi)^2}{200} \tag{7.4}$$

设一次侧绕组总电阻为 R（Ω），一次侧漏抗为 X（Ω），一次额定电流为 I_1（A），一次额定电压为 E_1（V），则

$$q_r = \frac{I_1 R}{E_1} \times 100\%$$

$$q_x = \frac{I_1 X}{E_1} \times 100\%$$

所以，已知绕组电阻和漏抗时，指定负载的功率因数即可计算出电压调整率。

● 绕组电阻的计算

考虑实际运转状态下的温度，以 75 ℃ 为基准计算油浸变压器的特性，电阻值以 75 ℃ 为前提。

根据图 7.19，一次绕组的每匝平均长度 l_{m1} 为

$$l_{m1} = 2 \times (140 + 80) + 2\pi \times 25.5 = 600 \text{（mm）}$$

式中，25.5 mm 是绕成矩形的一次绕组的角部平均弧长，根据图 7.19，由 $3 + 9 + 7 + 13/2 = 25.5$ mm 计算而来。

一次绕组的电阻在 6600 V 抽头处为

$$R_1 = 0.021\frac{T_1 l_{m1}}{q_1} = 0.021 \times \frac{1886 \times 600 \times 10^{-3}}{1.13} = 21.03 \text{（Ω）}$$

在 6300 V 抽头处为

$$R_1 = 0.021 \times \frac{1800 \times 600 \times 10^{-3}}{1.13} = 20.07 \text{（Ω）}$$

二次绕组的每匝平均长度为

$$l_{m2} = 2 \times (140 + 80) + 2\pi \times 7.5 = 487 \text{（mm）}$$

二次绕组的电阻为

$$R_2 = 0.021 \frac{T_2 l_{m2}}{q_2} = 0.021 \times \frac{60 \times 487 \times 10^{-3}}{38.8} = 0.0158 \text{（}\Omega\text{）}$$

换算成一次额定 6600 V 抽头的总电阻为

$$R = R_1 + \left(\frac{T_1}{T_2}\right)^2 R_2 = 21.03 + \left(\frac{1886}{60}\right)^2 \times 0.0158 = 36.6 \text{（}\Omega\text{）}$$

6300 V 抽头的总电阻为

$$R = 20.07 + \left(\frac{1800}{60}\right)^2 \times 0.0158 = 34.3 \text{（}\Omega\text{）}$$

以上计算的是直流电阻值，交流电阻由于趋肤效应会有所增大，漏磁通也会使绕组导体内和金属结构件中产生涡流损耗。这些损耗被归为负载杂散损耗，很难精确计算。本例是小型变压器，根据经验，整体损耗约增大 3%，以此推进下述计算：

6600 V抽头 $R_{ac} = 1.03 \times 36.6 = 37.7 \text{（}\Omega\text{）}$

6300 V抽头 $R_{ac} = 1.03 \times 34.3 = 35.3 \text{（}\Omega\text{）}$

● 漏抗的计算

图 7.20 所示为芯式变压器的漏磁通分布情况。漏磁通是指负载电流产生的与一、二次绕组都不交链的磁通量，以绕组漏感的形式产生作用。产生漏磁通的磁场强度如图 7.20（b）所示，设漏磁通限值对应的绕组高度为 h，则漏感为

$$L = \mu \frac{T^2 U_m}{h} \times \left(d_0 + \frac{d_1 + d_2}{3}\right) \times 10^{-3} \text{（H）}$$

式中，T 为每脚绕组的匝数；$U_m = (l_{m1} + l_{m2})/2$，为一、二次绕组的每匝平均长度（mm）；$d_1$、$d_2$、$d_0$ 分别为一、二次绕组的线圈厚度（mm）及间隔（mm）。

不过，此计算中漏磁通只通过绕组轴向，考虑到端部弯曲处的值略低，以下述修正系数（罗氏系数）加以修正。

$$K = 1 - \frac{d_1 + d_2 + d_0}{\pi h}$$

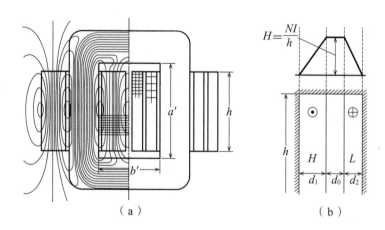

图 7.20　芯式变压器的漏磁通

取 $\mu = 4\pi \times 10^{-7}$，修正后的漏感为

$$X = 2\pi f L = 8\pi^2 f K \frac{T^2 U_{\mathrm{m}}}{h} \left(d_0 + \frac{d_1 + d_2}{3} \right) \times 10^{-10} \tag{7.5}$$

本例一次绕组是二柱串联，匝数为 $T = T_1/2$ 的 2 倍。由于是小容量，设 $K = 1$，$T_1 = 1886$，$h = 220\,\mathrm{mm}$，$d_1 = 13\,\mathrm{mm}$，$d_2 = 9\,\mathrm{mm}$，$d_0 = 7\,\mathrm{mm}$，则

$$X = 8\pi^2 \times 50 \times \frac{1886^2 \times 544}{2 \times 220} \times \left(7 + \frac{13 + 9}{3} \right) \times 10^{-10} = 24.9 \;(\Omega)$$

短路阻抗包括电阻值：

$$Z_{\mathrm{s}} = \sqrt{R_{\mathrm{ac}}^2 + X^2} = \sqrt{37.7^2 + 24.9^2} = 45.2 \;(\Omega)$$

因此，阻抗压降率为

$$\frac{Z_{\mathrm{s}} I_1}{E_1} \times 100 = \frac{45.2 \times 3.03}{6600} \times 100\,\% = 2.08\,\%$$

● 电压调整率

$$q_{\mathrm{r}} = \frac{37.7 \times 3.03}{6600} \times 100\,\% = 1.73\,\%$$

$$q_{\mathrm{x}} = \frac{24.9 \times 3.03}{6600} \times 100\,\% = 1.14\,\%$$

所以，当 $\cos\phi = 1$ 时，根据式（7.4），电压调整率为

$$\varepsilon_1 = q_{\mathrm{r}} + \frac{qx^2}{200} = 1.73 + \frac{1.14^2}{200} = 1.74\,\%$$

当 $\cos\phi = 0.8$（滞后）时，电压调整率为

$$\varepsilon_{0.8} = (1.73 \times 0.8 + 1.14 \times 0.6) + \frac{(1.14 \times 0.8 - 1.73 \times 0.6)^2}{200} = 2.07\,\%$$

7.3.5 损耗与效率

● 铜损（负载损耗）

由于 $R_{ac} = 37.7\,\Omega$，$I_1 = 3.03\,A$，所以额定抽头的总铜损为

$$W_{CR} = I^2 R_{ac} = 3.03^2 \times 37.7 = 346\ (W)$$

6300 V 抽头的总铜损为

$$W_{CM} = 3.18^2 \times 35.3 = 357\ (W)$$

以额定抽头为基准计算效率，但在有总容量低于额定抽头的抽头时，通常总容量最低抽头的铜损最大，温升要根据这个抽头的损耗进行计算。

● 铁损（空载损耗）

如图 7.19 所示，铁心磁路的平均长度按铁心角部为直角计算：

$$L_f = 2 \times (250 + 75) + 4 \times 80 = 970\ (mm)$$

铁心的有效截面积为 $0.9 \times 112\ cm^2$，密度为 $7.65\ kg/dm^3$，质量为

$$G_F = 0.9 \times 112 \times 970 \times 7.65 \times 10^{-4} = 74.8\ (kg)$$

以 30P105 为铁心材料，根据式（1.3），$B = 1.57\,T$，$f = 50\,Hz$，$d = 0.3$，σ_H 和 σ_E 根据表 1.2 分别取 0.46 和 7.4，则每 1 kg 的铁损 w_f 为

$$w_f = 1.57^2 \times (0.46 \times 0.5 + 7.4 \times 0.3^2 \times 0.5^2) = 0.977\ (W/kg)$$

因此，铁损 W_F 为

$$W_F = G_F \times w_f = 74.8 \times 0.977 = 73.1\ (W)$$

● **效 率**

设负载功率因数 $\cos\phi = 1$ 时效率为 η_1，则

$$\eta_1 = \frac{20 \times 10^3}{20 \times 10^3 + 346 + 73.1} \times 100\% = 97.95\,\%$$

7.3.6 空载电流

根据上述计算，铁心磁路的长度为 0.97 m。又 $B_c = 1.57\,\text{T}$，由图 7.21 求出 $a_t = 23\,\text{At/m}$，励磁安匝数 A_{T0F} 计算如下：

$$A_{\text{T0F}} = 23 \times 0.97 = 22.3 \ （\text{At}）$$

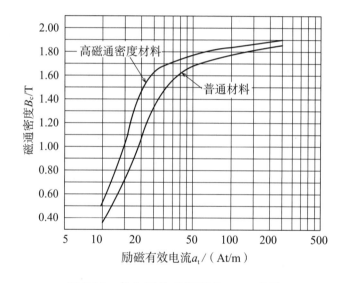

图 7.21 各向同性硅钢板的 $B\text{-}H$ 曲线

使用硅钢板制成的铁心时，如图 7.4 所示，钢板接口处留有极小的缝隙，励磁安匝数要留出 10 %～20 % 的余量。小型卷绕铁心有时会用特殊绕线机在模制铁心上直接绕线，而本例铁心在模制之后切掉上下部分，将表面加工平滑后插入绕好的绕组再接合固定。因此，励磁安匝数增大 20 %：

$$A_{\text{T00}} = 1.2A_{\text{T0F}} = 1.2 \times 22.3 = 26.8 \ （\text{At}）$$

视励磁电流为正弦波，最大磁通密度时所需的安匝数为 26.8 At，设励磁电

流的有效值为 I_{00}，有

$$I_{00} = \frac{A_{\text{T00}}}{\sqrt{2}T_1} \tag{7.6}$$

因此：

$$I_{00} = \frac{26.8}{\sqrt{2} \times 1886} = 0.01 \text{（A）}$$

用于铁损的有效电流 $I_{0\text{w}}$ 为

$$I_{0\text{w}} = \frac{73.1}{6600} = 0.011 \text{（A）}$$

所以，空载电流 I_0 为

$$I_0 = \sqrt{I_{00}^2 + I_{0\text{w}}^2} = \sqrt{0.01^2 + 0.011^2} = 0.015 \text{（A）}$$

I_0 对应额定电流的百分比为 $(0.015/3.03) \times 100\% = 0.50\%$。

7.3.7 温　升

变压器油箱壁的温度分布如图 7.22 所示。

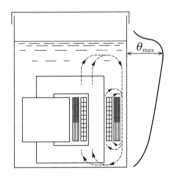

图 7.22 变压器油箱壁的温度分布

随着温度上升，油在虚线箭头方向产生对流运动，发热部分向油箱传热。因此，油箱壁在接近油面处达到最高温度 $\theta_{\max}$。油箱通过空气对流和油箱壁辐射将热量传递到外部空气。在图 7.23 所示截面的波纹油箱中，空气对流产生的散热量与波形表面的面积成正比，辐射散热效果平平，点 p 的辐射仅发生在 $\angle apb$ 中。

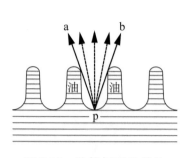

图 7.23　油箱侧面的散热

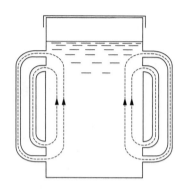

图 7.24　冷却管对流

图 7.24 所示带冷却管的油箱，对流散热效果很好，但在辐射散热方面也没有太大改善。

如图 7.25 所示，设箱内油面高度为 H_0。截面如图 7.25（a）所示的平板表面油箱，有效散热面积对于空气对流和辐射是相同的，设截面周长为 L_0，则散热面积 O_{cr} 为

$$O_{cr} = H_0 L_0 \qquad\qquad （7.7）$$

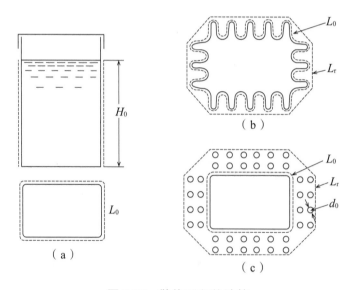

图 7.25　散热面积的计算

油面之上的油箱侧面和顶面也散热，但这些部分的温度低，散热少，忽略不计。

设图 7.25（b）所示波纹油箱展开后的周长为 L_0，则对流散热面积 O_c 为

$$O_c = H_0 L_0$$

对于图 7.25（c）所示带冷却管的油箱，设管径为 d_0，管长为 l_0，管数为 n_0，则对流散热面积为

$$O_c = H_0 L_0 + \pi d_0 l_0 n_0 \tag{7.8}$$

可见，冷却管越多，油箱侧面的对流越不充分，散热效果越差，因此这部分忽略不计。

设包围波纹和管部的周长为 L_r，则散热面积 O_r 为

$$O_r = H_0 L_r \tag{7.9}$$

如图 7.22 所示，略低于油面处的油箱壁温度最高，为了方便设计，设油箱的平均温升为 θ_T。估测油的平均温升比 θ_T 高 $3 \sim 5\,\mathrm{K}$，绕组的温升比 θ_T 高 $10 \sim 20\,\mathrm{K}$。

设空气对流散热的对外部空气传热系数为 $k_c[\mathrm{W}/(\mathrm{m}^2 \cdot \mathrm{K})]$，辐射散热的传热系数为 $k_r[\mathrm{W}/(\mathrm{m}^2 \cdot \mathrm{K})]$，则油箱壁的平均温升为

$$\theta_T = \frac{W_C + W_F}{k_c O_c + k_r O_r} \tag{7.10}$$

传热系数的取值范围如下：

$$k_c = 6 \sim 8\,\mathrm{W}/(\mathrm{m}^2 \cdot \mathrm{K})$$

$$k_\gamma = 5 \sim 7\,\mathrm{W}/(\mathrm{m}^2 \cdot \mathrm{K})$$

本例变压器油箱如图 7.26 所示，为平板表面，所以

$$O_{cr} = 0.52 \times 2 \times (0.4 + 0.3) = 0.728\,（\mathrm{m}^2）$$

总损耗为 $W_C + W_F = 357 + 73.1 = 430.1$（W）。设 $k_c + k_r = 15$，则油箱壁的平均温升为

$$\theta_T = \frac{430.1}{15 \times 0.728} = 39.4\,（\mathrm{K}）$$

绕组的温升约比 θ_T 高 $10\,\mathrm{K}$，估算为 $50\,\mathrm{K}$。

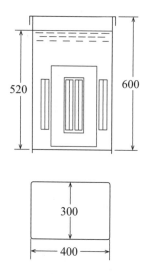

图 7.26　例题的变压器油箱

7.3.8　主要材料的用量

● 铜质量

设铜的密度为 γ_c（kg/dm^3），铜线截面积为 q（mm^2），相数为 m，每相匝数为 T，绕组的每匝平均长度为 l_m（m），则铜质量 G_C（kg）为

$$G_C = \gamma_c q m T l_m \times 10^{-3}$$

本例中：

一次侧　　$G_{C1} = 8.9 \times 1.13 \times 1 \times 1929 \times 0.6 \times 10^{-3} = 11.6$（kg）

二次侧　　$G_{C2} = 8.9 \times 38.8 \times 1 \times 60 \times 0.487 \times 10^{-3} = 10.1$（kg）

包含引线等在内的实际用量预估为 22.5 kg。

● 铁心质量

按 7.3.5 节计算出铁心质量为 74.8 kg。卷绕铁心的成品率较高，预估为 75 kg。

● 油　量

油量 V_0（L）可以通过下式进行概算

$$V_0 = V_T - \left(\frac{G_C}{3} + \frac{G_F}{5.5} \right) \qquad （7.11）$$

式中，V_T 为油面以下的油箱容积（带冷却管时包含冷却管容积）（L）；G_C 和 G_F 分别为铜和铁心的质量（kg）。

根据图 7.26，有

$$V_T = (0.52 \times 0.3 \times 0.4) \times 10^3 = 62.4 \text{（L）}$$

$$V_0 = 62.4 - \left(\frac{21.74}{3} + \frac{74.8}{5.5}\right) = 41.6 \text{（L）}$$

所需油量预估为45L。

7.3.9　设计表

以上计算汇总为表 7.2。

7.4　三相变压器的设计实例

以某三相芯式变压器的设计为例，规格如下：

▶ 油浸自冷，标准 JEC-2200-2014。

▶ 额定容量 $5000\,\text{kV·A}$，频率 $50\,\text{Hz}$，接法 Y-△。

▶ 一次电压 F69000-F66000-R63000-F60000V。

▶ 二次电压 6600 V。

7.4.1　负荷分配

▶ 容量：$5000\,\text{kV·A}$。

▶ 一次电流：

63 000 V抽头　　$I_1 = \dfrac{5000 \times 10^3}{\sqrt{3} \times 63 \times 10^3} = 45.8 \text{（A）}$

60 000 V抽头　　$I_1 = \dfrac{5000 \times 10^3}{\sqrt{3} \times 60 \times 10^3} = 48.1 \text{（A）}$

▶ 二次电流：

$$I_2 = \frac{5000 \times 10^3}{\sqrt{3} \times 6.6} = 437.4 \text{（A）}$$

表 7.2　单相变压器设计表

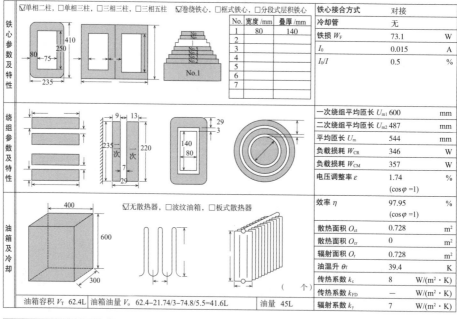

单相变压器　设计表

负荷分配				铁心参数					
柱容量 s	10	kV·A	(x = 4.47)	材质	30P105				
比容量 $s/(f×10^2)$	20	kV·A	(ϕ_0 = $0.35×10^{-2}$)	磁通密度 B_c	1.57		T		
磁负荷 ϕ	$1.58×10^{-2}$ Wb	窗高 a' 250 mm / 窗宽 b' 75 mm		宽度 a 80 mm / 截面积 Q_F 110 cm²			叠厚 b 140 mm / 占空系数 0.9		
电负荷 A_T	2857	At	(f_e = 0.25)	柱质量 G_{Fc} — kg			磁轭质量 G_{Fy} — kg		

一次侧（高压）绕组			二次侧（低压）绕组		
匝数 T_1	1929–1886–1843–1800–1757 匝		匝数 T_2	60–30 匝	
额定电流 I_{1R} 3.03 A			额定电流 I_2 95.2 A		
最大电流 I_{1max} 3.18 A					
电流密度 Δ_R 2.68 A/mm²	导体截面积 1.13 mm²		电流密度 Δ_2 2.45 A/mm²	导体截面积 38.8 mm²	
电流密度 Δ_{max} 2.81 A/mm²					
导体尺寸 圆线 $×\phi1.2$ mm	绝缘厚度 0.15 mm		导体尺寸 14×2.8 mm	绝缘厚度 0.5 mm	
绕组形式 圆筒式绕组（1 个）（两侧）			绕组形式 圆筒式绕组（1 个）（两侧）		
线圈匝数 965,964	每柱线圈数 1		线圈匝数 15	每柱绕组数 2	

R_{ac}	37.7 Ω	修正系数 K 1	q_t 1.73 %	q_x 1.14 %		铁心质量 G_F	74.8	kg
$X=8\pi^2×50×1×\dfrac{1886^2×544}{2×220}×(7+\dfrac{13+9}{3})×10^{-10}=24.9(\Omega)$					%IZ 损耗率 2.08%	导体质量 G_C	21.7	kg
						$G_{F+}G_C$	96.5	kg

铁心参数及特性	☑单相二柱、□单相三柱、□三相三柱、□三相五柱、☑卷绕铁心、□框式铁心、□分段式层积铁心	铁心接合方式	对接	

No.	宽度/mm	叠厚/mm
1	80	140
2		
3		
4		
5		
6		
7		

冷却管	无	
铁损 W_F	73.1	W
I_0	0.015	A
I_0/I	0.5	%

绕组参数及特性

一次绕组平均匝长 U_{m1}	600	mm
二次绕组平均匝长 U_{m2}	487	mm
平均匝长 U_m	544	mm
负载损耗 W_{CR}	346	W
负载损耗 W_{CM}	357	W
电压调整率 ε	1.74	%
($\cos\varphi$ =1)		

油箱及冷却　☑无散热器、□波纹油箱、□板式散热器

效率 η	97.95	%
($\cos\varphi$ =1)		
散热面积 O_{ct}	0.728	m²
散热面积 O_{cr}	0	m²
辐射面积 O_r	0.728	m²
油温升 θ_T	39.4	K
传热系数 k_c	8	W/(m²·K)
传热系数 k_{FD}	—	W/(m²·K)
辐射系数 k_T	7	W/(m²·K)

油箱容积 V_T 62.4L　油箱油量 V_0　62.4–21.74/3–74.8/5.5=41.6L　油量 45L

冷却方式	油浸自冷	额定容量	20	kVA	工作制	连续	频率	50 Hz
一次电压	Fb.75-R6.6-F6.45-F6.3-6.15			kV	相数	1 ϕ	适用标准	JIS C 4304:2013
二次电压	210-105			V	接法	（单相）	图号	
日期		用途	配电		设计编号		设计者	

▶ 二次相电流：

$$I_{2ph} = \frac{437.4}{\sqrt{3}} = 252.5 \text{（A）}$$

▶ 柱容量

$$s = \frac{5000}{3} = 1666.7 \ (\text{kV} \cdot \text{A})$$

▶ 比容量：

$$\frac{s}{f \times 10^{-2}} = \frac{1666.7}{0.5} = 3333.3 \ (\text{kV} \cdot \text{A})$$

根据式（2.56），$\gamma = 1$ 时 $\chi = 57.7$，取 $\phi_0 = 0.29 \times 10^{-2} \text{Wb}$，有

磁负荷 $\quad \phi = 57.7 \times 0.29 \times 10^{-2} = 16.73 \times 10^{-2} \ (\text{Wb})$

二次绕组的每相匝数为

$$T_2 = \frac{6600}{4.44 \times 16.73 \times 10^{-2} \times 50} = 177.7$$

取 $T_2 = 178$，则一次绕组 63 000 V 抽头的每相匝数为

$$T_1 = 178 \times \frac{63000/\sqrt{3}}{6600} = 980.97$$

将结果四舍五入，计算出一次绕组各抽头电压对应的匝数如下。

电压/V	69000	66000	63000	60000
匝数	1074	1028	981	934

再次计算磁负荷为

$$\phi = \frac{6600}{4.44 \times 178 \times 50} = 16.7 \times 10^{-2} \ (\text{Wb})$$

电负荷为

$$A_{\text{T}} = 178 \times 252.5 = 44.95 \times 10^3 \ (\text{At})$$

7.4.2 比负荷与主要尺寸

使用各向同性硅钢板 30P105 制成的铁心，磁比负荷 $B_{\text{c}} = 1.7 \text{T}$。大型铁心的占空系数约为 0.95，所以铁心截面积 Q_{F} 为

$$Q_{\text{F}} = \frac{16.7 \times 10^{-2}}{0.95 \times 1.7} \times 10^6 = 1034 \times 10^2 \ (\text{mm}^2)$$

大型芯式变压器采用圆形的同心配置绕组。这种结构的特点在于，能够用最短的铜线包住最大的铁心截面积，既能节省材料，又能增强短路时的机械力承受能力。铁心的截面形状要根据硅钢板的成品率进行具体尺寸设计。

本设计选用的铁心截面如图 7.27 所示，由此可得

$$B_c = \frac{16.7 \times 10^{-2}}{0.95 \times 1035.9 \times 10^{-4}} = 1.70 \text{（T）}$$

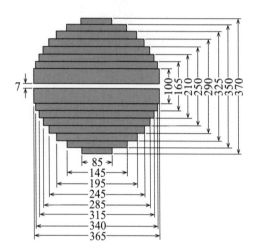

No.	铁心宽度/mm	叠厚/mm	个数	截面积/mm²
1	365	×（100−7）	× 1	= 339.5 × 10²
2	340	× 32.5	× 2	= 221.0 × 10²
3	315	× 22.5	× 2	= 141.8 × 10²
4	285	× 20.0	× 2	= 114.0 × 10²
5	245	× 20.0	× 2	= 98.0 × 10²
6	195	× 17.5	× 2	= 68.3 × 10²
7	145	× 12.5	× 2	= 36.3 × 10²
8	85	× 10.0	× 2	= 17.0 × 10²
			合计	Q_F=1035.9×10²

图 7.27　铁心截面

设绕组的平均电流密度为 $\Delta = 3.3 \, \text{A/mm}^2$，根据式（7.2），窗内铜的截面积 Q_c 为

$$Q_c = \frac{4 \times 44.94 \times 10^3}{3.3} = 54\,485 \text{（mm}^2\text{）}$$

高压侧为 60 kV 级，根据图 7.18，取 $f_c = 0.2$，窗口面积为

$$a' \times b' = \frac{54485}{0.2} = 2724 \times 10^2 \text{（mm}^2\text{）}$$

根据表 7.1，取电比负荷 $a_t = 63\text{At/mm}$，则绕组高度 h 为

$$h = \frac{44.95 \times 10^3}{63} = 714 \text{（mm）}$$

考虑到绕组上下端部的绝缘和紧固需要，窗口高度 a' 应在 h 的基础上加 150 mm：

$$a' = 714 + 150 = 864 \text{（mm）}$$

$$b' = \frac{2724 \times 10^2}{864} = 315 \ (\text{mm})$$

具体尺寸要根据绕组情况设计。

7.4.3 绕组的尺寸

绕组的尺寸，要根据阻抗等特性和冷却情况调整铜线的尺寸、线圈数、线圈匝数后确定。因此，与前一节的铁心窗口尺寸也有关联，要参考经验值并反复计算。

设一、二次绕组的电流密度分别为 $\Delta_1 = 3.4 \ \text{A/mm}^2$、$\Delta_2 = 3.2 \ \text{A/mm}^2$，则截面积分别为

$$q_1 = \frac{48.1}{3.4} = 14.2 \ (\text{mm}^2)$$

$$q_2 = \frac{252.5}{3.2} = 78.9 \ (\text{mm}^2)$$

如果一次侧使用 1 条 $8 \,\text{mm} \times 1.8 \,\text{mm}$（横截面积 $14.09 \,\text{mm}^2$）的扁线，二次侧使用 2 条 $12 \,\text{mm} \times 3.2 \,\text{mm}$（截面积为 $37.9 \,\text{mm}^2$）的扁线并绕，则

$$\Delta_1 = \frac{48.1}{14.09} = 3.41 \ (\text{A/mm}^2)$$

$$\Delta_2 = \frac{252.5}{37.9 \times 2} = 3.33 \ (\text{A/mm}^2)$$

这些铜线用牛皮纸绝缘。一次侧有 24 个 22 匝盘式线圈、26 个 21 匝盘式线圈，合计 50 个，设计成图 7.28（a）所示的尺寸。各线圈间设有冷却油管。二次侧有 2 条铜线并绕成的 20 个 $178/20 = 8.9$ 匝线圈，设计成图 7.28（b）所示的尺寸。芯式变压器的同心圆筒式绕组低压侧通常向内绕，当线圈匝数为整数时，头尾重叠部分变厚，与外侧绕组的绝缘尺寸不足。因此，下一个线圈的头部要前提。

线圈配置如图 7.29 所示。其中，图 7.29（a）所示为一次绕组，24 个 22 匝盘式线圈和 26 个 21 匝盘式线圈连续缠绕，各线圈之间设有 5~6 mm 油道，抽头从绕组中央引出。图 7.29（b）所示为二次绕组，各线圈之间设有 5 mm 油道，上下并绕。

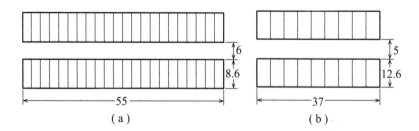

图 7.28　一、二次线圈的尺寸

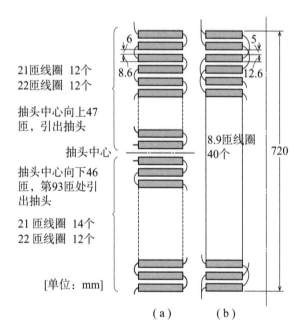

21 匝线圈　12 个
22 匝线圈　12 个

抽头中心向上 47
匝，引出抽头

抽头中心

抽头中心向下 46
匝，第 93 匝处引
出抽头

21 匝线圈　14 个
22 匝线圈　12 个

[单位：mm]

8.9 匝线圈
40 个

720

（a）　　　（b）

图 7.29　一、二次线圈的接线

一次绕组的高度为

$$8.6 \times 50 + 5 \times 49 = 675 \text{（mm）}$$

考虑到绝缘，绕组端部附近采用 6 mm 油道，抽头部分的油道还要大一些，绕组高度取 720 mm。

二次绕组的高度为

$$(12.6 \times 20) \times 2 + 5 \times 39 = 699 \text{（mm）}$$

部分油道留出余量，与一次绕组同样取 720 mm。

在绕组高度的基础上，考虑主绝缘及其他因素，铁心窗口高度取 $a' = 870$ mm。

与铁心柱截面圆对应，窗口宽度计算如下：

铁心与二次绕组的间隔	$2 \times 15 = 30$
二次绕组与一次绕组的间隔	$2 \times 35 = 70$
一次绕组宽度	$2 \times 55 = 110$
二次绕组宽度	$2 \times 37 = 74$
一次绕组之间的间隔	36
窗口宽度	320（mm）

设铁心窗口宽度 $b' = 320\,\mathrm{mm}$，铁心和绕组的具体尺寸如图 7.30 所示。

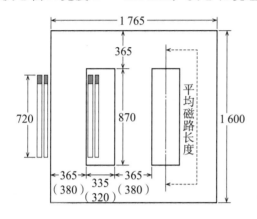

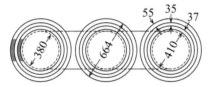

（380）：铁心柱直径
365　：铁心柱最小直径
（320）：铁心基准窗口宽度
335　：铁心窗口宽度实际尺寸

图 7.30　铁心和绕组的尺寸

7.4.4　电压调整率

● 电　阻

根据图 7.30，一次绕组的平均匝长 $l_{m1} = \pi \times (664 - 55) = 1913$（mm）。由于铜线截面积 $q_1 = 14.09\,\mathrm{mm}^2$，所以 $75\,℃$ 的一次绕组直流电阻 R_1 为

$$63\,000\,\mathrm{V}抽头 \qquad R_1 = 0.021 \times \frac{981 \times 1913 \times 10^{-3}}{14.09} = 2.80（\Omega）$$

$$60\,000\,\mathrm{V}抽头 \qquad R_1 = 0.021 \times \frac{934 \times 1913 \times 10^{-3}}{14.09} = 2.66（\Omega）$$

二次绕组的平均匝长 $l_{m2} = \pi \times (410 + 37) = 1404$（mm），铜线截面积 $q_2 = 75.8\,\mathrm{mm}^2$，所以

$$R_2 = 0.021 \times \frac{178 \times 1404 \times 10^{-3}}{75.8} = 0.0693 \text{（}\Omega\text{）}$$

使用额定抽头 63 000 V 时，一次换算总电阻为

$$R = 2.80 + \left(\frac{981}{178}\right)^2 \times 0.0693 = 4.91 \text{（}\Omega\text{）}$$

使用总容量最低的 60 000 V 抽头时，一次换算总电阻为

$$R = 2.8 + \left(\frac{934}{178}\right)^2 \times 0.0693 = 4.57 \text{（}\Omega\text{）}$$

设趋肤效应和漏磁通导致损耗增大 10 %，则

$$63\,000\,\mathrm{V}\text{抽头} \qquad R_{ac} = 1.1 \times 4.91 = 5.4 \text{（}\Omega\text{）}$$

$$60\,000\,\mathrm{V}\text{抽头} \qquad R_{ac} = 1.1 \times 4.57 = 5.03 \text{（}\Omega\text{）}$$

● 漏　抗

三相芯式变压器中，各相匝数均绕于一柱。本例一、二次绕组同心配置，$f = 50$，$T_1 = 981$。根据图 7.30，$h = 720\,\mathrm{mm}$，$d_1 = 55\,\mathrm{mm}$，$d_2 = 37\,\mathrm{mm}$，$d_0 = 35\,\mathrm{mm}$。将以上值代入式（7.5）计算。

U_m 和修正系数 K 分别如下：

$$U_m = \frac{1913 + 1404}{2} = 1659 \text{（mm）}$$

$$K = 1 - \frac{55 + 37 + 35}{\pi \times 720} = 0.944$$

所以：

$$X = 8\pi^2 \times 50 \times 0.944 \times \frac{981^2 \times 1659}{720} \times \left(35 + \frac{55 + 37}{3}\right) \times 10^{-10}$$

$$= 54.26 \text{（}\Omega\text{）}$$

短路阻抗包含前一项额定抽头对应的总电阻：

$$Z_s = \sqrt{R_{ac}^2 + X^2} = \sqrt{5.40^2 + 54.26^2} = 54.53 \text{（}\Omega\text{）}$$

阻抗压降率为

$$\frac{Z_{s}I_{1}}{E_{1}} \times 100 = \frac{54.53 \times 45.8}{63000/\sqrt{3}} \times 100\% = 6.87\%$$

● **电压调整率**

$$q_{r} = \frac{I_{1}R_{ac}}{E_{1}} \times 100\% = \frac{45.8 \times 5.4}{63000/\sqrt{3}} \times 100\% = 0.68\%$$

$$q_{x} = \frac{I_{1}X}{E_{1}} \times 100\% = \frac{45.8 \times 54.26}{63000/\sqrt{3}} \times 100\% = 6.83\%$$

功率因数 $\cos\varphi = 1$（滞后）时，电压调整率为

$$\varepsilon_{1} = \left(0.68 + \frac{6.83^{2}}{200}\right) \times 100\% = 0.913\%$$

功率因数 $\cos\varphi = 0.8$（滞后）时，电压调整率为

$$\varepsilon_{0.8} = \left[(0.68 \times 0.8 + 6.83 \times 0.6) + \frac{(6.83 \times 0.8 - 0.68 \times 0.6)^{2}}{200}\right] \times 100\% = 4.77\%$$

7.4.5　损耗与效率

● **铜损（负载损耗）**

使用一次额定抽头（63 000 V）时，铜损为

$$W_{CR} = 3 \times 45.8^{2} \times 5.4 = 34 \times 10^{3}（\text{W}）$$

使用 60000 抽头时，铜损为

$$W_{CM} = 3 \times 48.1^{2} \times 5.03 = 34.9 \times 10^{3}（\text{W}）$$

此铜损可用于计算温升。

● **铁损（空载损耗）**

$$V_{FC} = 3 \times 1035.9 \times 87 = 270.4 \times 10^{3}（\text{cm}^{3}）$$

轭部的铁心体积为

$$V_{Fy} = 2 \times 1035.9 \times 176.5 = 365.7 \times 10^3 \ (\ cm^3\ )$$

铁心的占空系数为 0.95, 钢板的密度为 $7.65\,kg/dm^3$, 所以：

柱部质量　　$G_{Fc} = 0.95 \times 270.4 \times 7.65 = 1965\ (\ kg\ )$

轭部质量　　$G_{Fy} = 0.95 \times 365.7 \times 7.65 = 2658\ (\ kg\ )$

由于使用的是 30P105 硅钢板, 根据式 (1.3) 和表 1.2, 每 1 kg 的损耗为

$$w_f = 1.70^2 \times (0.46 \times 0.5 + 7.4 \times 0.3^2 \times 0.5^2) = 1.146 \ (\ W/kg\ )$$

因此, 铁损 W_F 为

$$W_F = 1.146 \times (1965 + 2658) = 5.3 \times 10^3 \ (\ W\ )$$

● 效　率

额定抽头的负载功率因数 $\cos\varphi = 1$ 时, 效率为

$$\eta_1 = \frac{5000}{5000 + 34 + 5.3} \times 100\,\% = 99.22\,\%$$

负载功率因数 $\cos\varphi = 0.8$ (滞后) 时, 效率为

$$\eta_{0.8} = \frac{5000 \times 0.8}{5000 \times 0.8 + 34 + 5.3} \times 100\,\% = 99.03\,\%$$

7.4.6　空载电流

根据图 7.30, 每柱的铁心磁路长度为

$$L_F = (870 + 335) + 2 \times 365 = 1935 \ (\ mm\ ) = 1.935\,m$$

由于 $B_c = 1.70\,T$, 根据图 7.21, $a_t = 32\,At/m$, 因此所需的励磁安匝数为

$$A_{T0F} = 1.935 \times 32 = 61.9 \ (\ At\ )$$

考虑到钢板拼接，实际取值预增约 15%，则所需安匝数为

$$A_{T00} = 1.15A_{T0F} = 1.15 \times 61.9 = 71.2 \text{（At）}$$

因此，额定抽头对应的相励磁电流为

$$I_{00} = \frac{71.2}{\sqrt{2} \times 981} = 0.051 \text{（A）}$$

用于铁损的有效电流为

$$I_{0w} = \frac{5.3 \times 10^3}{\sqrt{3} \times 63000} = 0.049 \text{（A）}$$

相空载电流为

$$I_0 = \sqrt{I_{00}^2 + I_{0w}^2} = \sqrt{0.051^2 + 0.049^2} = 0.071 \text{（A）}$$

空载电流占额定电流的百分比为

$$I_{00} = \frac{0.071}{45.8} \times 100\% = 0.16\%$$

7.4.7 温 升

图 7.31 所示为该变压器的油箱尺寸。油箱前后设置 10 组冷却钢板进行散热，每片宽 300 mm，长 1500 mm，15 片为一组，如图 7.32 所示。

用于对流散热的表面积包括冷却器 O_{cr} 和油箱 O_{ct}：

$$O_{cr} = 300 \times 1500 \times 2 \times 15 \times 10 \times 10^{-6} = 135 \text{（m}^2\text{）}$$

$$O_{ct} = (950 + 2250) \times 2 \times 2000 \times 10^{-6} = 12.8 \text{（m}^2\text{）}$$

用于辐射散热的表面积 O_r 相当于冷却器的外形尺寸：

$$O_r = (2250 + 2550) \times 2 \times 1500 \times 10^{-6} = 14.4 \text{（m}^2\text{）}$$

使用 60 000 V 抽头时，总损耗最大，为 40.2 kW。散热器的传热系数 $k_{CR} = 7.5 \text{ W/（m}^2 \cdot \text{K）}$；油箱的传热系数略低，$k_{CT} = 6 \text{ W/（m}^2 \cdot \text{K）}$。取 $k_\gamma = 6 \text{ W/（m}^2 \cdot \text{K）}$，有

$$\theta_T = \frac{40.2 \times 10^3}{135 \times 7.5 + 12.8 \times 6 + 14.4 \times 6} = 34.2 \text{（K）}$$

视绕组温度高于上述值约 15 K，估算为 50 K。

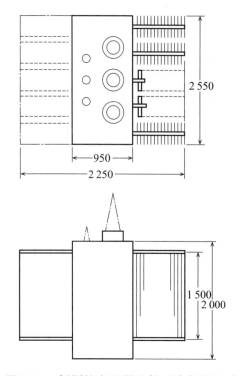

图 7.31　例题的变压器油箱及冷却器尺寸

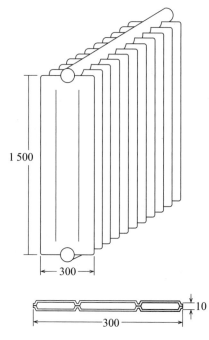

图 7.32　板式散热器

7.4.8　主要材料的用量

● 铜质量

一次绕组的铜质量 G_{C1} 为

$$G_{C1} = 8.9 \times 14.09 \times 3 \times 1074 \times 1.913 \times 10^{-3} = 773 \text{（kg）}$$

二次绕组的铜质量为

$$G_{C2} = 8.9 \times 75.8 \times 3 \times 178 \times 1.404 \times 10^{-3} = 506 \text{（kg）}$$

合计 1279 kg。根据成品率，估算实际用量为 1300 kg。

● 铁心质量

$$G_F = G_{Fc} + G_{Fy} = 1965 + 2658 = 4623 \text{（kg）}$$

估算实际用量为 4800 kg。

● **油　量**

根据图 7.31 和图 7.32：

$$油箱容积 = 95 \times 225 \times 200 \times 10^{-3} = 4275（L）$$

$$散热器容积 = 30 \times 150 \times 1 \times 15 \times 10 \times 10^{-3} = 675（L）$$

因此：

$$V_T = 4275 + 675 = 4950（L）$$

$$V_0 = 4950 - \left(\frac{1279}{3} + \frac{4623}{5.5}\right) = 3683（L）$$

设环境温度变化范围为 $-20 \sim +40\,℃$，油的平均温升为 $40\,K$，则平均油温在 $-20 \sim +80\,℃$ 之间变化。设油的膨胀系数为 0.0007，油量为 3700L，则对应的油的体积变化为

$$3700 \times 0.0007 \times (80 + 20) = 259（L）$$

若设计约 300L 油箱以吸收这些体积变化，则平均环境温度（20℃）下所需的油量为

$$259 \times (20 + 20)/(80 + 20) = 104（L）$$

这个油量加上上述 V_0，合计油量约为 3800L，估算实际用量约为 4000L。

7.4.9　设计表

以上计算汇总为表 7.3。

7.5　设计流程

整体设计流程如图 7.33 所示。

表 7.3　三相芯式变压器设计表

三相变压器　设计表

负荷分配				铁心参数				
柱容量 s	1667	kV·A（ x	= 57.7 ）	材质	30P105			
比容量 $s/(f \times 10^{-2})$	3333.3	kV·A（ ϕ_0	= 0.29×10^{-2} ）	磁通密度 B_c	1.7	T		
磁负荷 ϕ	16.7×10^{-2} Wb	窗高 a'	870 mm	宽度 a	365 mm	叠厚 b	370	mm
		窗宽 b'	335 mm	截面积 Q_F	1 035.9 cm²	占空系数	0.95	
电负荷 A_T	44.95×10^3 At（ f_c	= 0.2 ）		柱质量 G_{Fc}	1 965 kg	磁轭质量 G_{Fy}	2 658	kg

一次侧（高压）绕组				二次侧（低压）绕组			
匝数 T_1	1074-1028-981-934 匝			匝数	178 匝		
额定电流 I_{1R}	45.8 A			额定电流 I_2	252.5 A/相		
最大电流 I_{1max}	48.1 A						
电流密度 Δ_{1R}	3.25 A/mm²	导体截面积 q_1	14.09 mm²	电流密度 Δ_2	3.33 A/mm²	导体截面积	75.8 mm²
电流密度 Δ_{1max}	3.41 A/mm²						(37.9×2)
导体尺寸	8.0 × 1.8 mm	绝缘厚度	0.60 mm	导体尺寸	12 × 3.2 mm	绝缘厚度	0.6 mm
绕组形式	盘式绕组（1 个）	（两侧）		绕组形式	盘式绕组（2 个）	（两侧）	
线圈匝数	22.21	每柱线圈数	50	线圈匝数	8.9	每柱绕组数	20 × 2

R_{ac}	5.4 Ω	修正系数 K	0.944	q_r	0.68 %	q_x	6.83 %	铁心质量 G_F	4 623	kg

$$X = 8\pi^2 \times 50 \times 0.944 \times \frac{981^2 \times 1659}{720}\left(35 + \frac{55+37}{3}\right) \times 10^{-10} = 54.3(\Omega)$$

损耗率 6.87%

导体质量 G_c	1 279	kg
$G_F + G_c$	5 902	kg

铁心参数及特性

□单相二柱，□单相三柱，☑三相三柱，□三相五柱　□卷绕铁心，□框体铁心，☑分段式层积铁心

No.	宽度/mm	叠厚/mm
1	365	100-7
2	340	32.5×2
3	315	22.5×2
4	285	20.0×2
5	245	20.0×2
6	195	17.5×2
7	145	12.5×2
8	85	10.0×2

铁心接合方式	45° /90°
冷却管	7.0 × 1 处
铁损 W_F	5 300 W
I_0	0.071 A
I_0/I	0.16 %

（铁心图：335、365、320、365、(φ380)、(φ380)、870、1 600、No.0～No.2）

绕组参数及特性

（绕组图：55、6.0、8.6、一次、720、35、12.6、二次（LV）、37、5.0、37、55、720、一次、二次、127、380、127、15、1 500）

一次绕组平均匝长 U_{m1}	1 913	mm
二次绕组平均匝长 U_{m2}	1 404	mm
平均匝长 U_m	1 659	mm
负载损耗 W_{CR}	34 000	W
负载损耗 W_{CM}	34 900	W
电压调整率 ε	0.913 ($\cos\varphi$=1)	%
效率 η	99.22 ($\cos\varphi$=1)	%

油箱及冷却

□无散热器，□波纹油箱√/□板式散热器

（油箱图：2 250、2 000、950、300、10 个）

散热面积 O_{ct}	12.8	m²
散热面积 O_{cr}	135	m²
辐射面积 O_r	14.4	m²
油温升 θ_T	34.2	K
传热系数 k_c	7.5	W/(m²·K)
传热系数 k_{FD}	6	W/(m²·K)
辐射系数 $k_γ$	6	W/(m²·K)

油箱容积 V_T 4 275L	油箱油量 V_0　4 950-1 279/3+4 623/5.5=3 683L	油量 3 800L

冷却方式	油浸自冷	额定容量	5 000 kVA	工作制	连续	频率	50 Hz
一次电压	F69-F66-R63-F60 kV			相数	3 ϕ	适用标准	JEC-2200-2014
二次电压	6 600 V			接法	Y-△	图号	
日期		用途		设计编号		设计者	

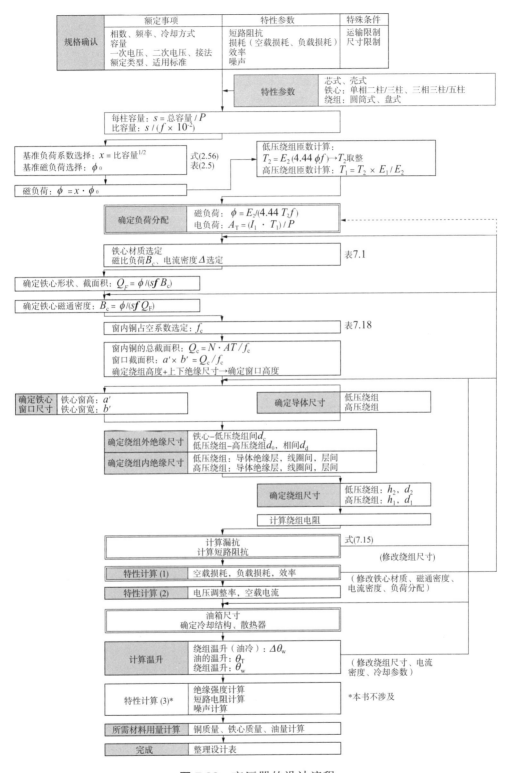

图 7.33 变压器的设计流程

第8章 电机设计总论

关于前几章的电机设计法,已故竹内寿太郎博士在原著中针对电机设计原理和其他设计学说阐述了自己的见解。这里将它们统称为电机设计总论,概述如下。

8.1 电机设计的要点

● 设计分阶段进行

（1）首先进行负荷分配,选定比负荷后确定主要尺寸。

（2）根据实际情况确定槽和导线等具体尺寸。

（3）估算设计好的电机的主要特性,探讨性能是否合乎要求。

（1）和（2）是确定电机尺寸的步骤,不仅能够确定所需材料的用量,还能够确定（3）的估算性能。（3）的估算能够判断出设计好的电机性能是否满足规格要求,以及是否符合电机相关标准。

● 电机的主要特性与尺寸的关系

包括 PM 电机在内的旋转电机的设计,确定气隙长度的公式是相同的:

$$\delta = c \times 10^{-3} \times \frac{A_C}{B_g}$$

其中值得注意的是,这也意味着旋转电机的主要特性受下列比值的影响:

$$\frac{电枢反应磁动势}{空载时的励磁磁动势}$$

也就是说,电机的电枢反应范围决定了电机特性,也关系到作为重要尺寸的气隙长度的确定。

● 电机设计公式的计算精度

前几章涉及的诸多设计公式,根据计算精度可分为以下 4 种:

（1）遵循自然现象的精确物理公式，如电动势方程 $E = 4.44T\phi f$ 等。

（2）无法得出理论公式或理论公式过于复杂时采用的实用简单式，如计算铁心每 1kg 的损耗的公式：

$$w_{\mathrm{f}} = B^2 \left[\sigma_{\mathrm{h}} \left(\frac{f}{100} \right) + \sigma_{\mathrm{e}} d^2 \left(\frac{f}{100} \right)^2 \right]$$

（3）系数可以根据以往的经验统计得出的公式，如负荷分配步骤中计算磁负荷的公式：

$$\phi = \phi_0 \times \left(\frac{s}{f \times 10^{-2}} \right)^{\frac{\gamma}{1+\gamma}}$$

（4）不依赖公式，将实验结果作为计算依据，如硅钢板的磁化曲线等。

综上所述，用于设计的公式各不相同，计算精度也各不相同，设计电机时不能仅依赖于公式，还要进行心算。这一点证明了，设计并非理论，而是技术。

本来，"design" 的词义是 "设计方案"，而非计算本身。用于设计的计算公式仅相当于制图用的圆规类工具，依赖计算公式是无法做出优秀的电机设计的。迈尔斯·沃克[①] 曾说："仅依靠计算，恐怕一辈子也设计不了电机。"他还说："设计的关键在于搞清楚哪一部分由计算确定，哪一部分由估算确定。"这是至理名言。我们必须认识到，设计并非计算，而是构思和发明。

● 如果脱离实际，电机设计就毫无意义

前几章涉及的实用计算公式的系数等，都与电机厂的制造设备息息相关，设计人员确定系数值时必须参考工厂设备、经验、现场惯例等。

电机设计的发展多来自计算公式、电气材料及其使用方法的进步等，未来电机设计的革命，势必伴随着新材料的出现。随着硅类、玻璃纤维类等高容许温度绝缘材料的出现，电机设计正在发生巨变。设计技术人员必须始终关注新材料的出现，同时深究设计学的基础研究方法。

[①] Miles Walker，1867–1941，其著作《电机故障与诊断》于 1930 年在日本作为 "电气工程最新名著" 翻译出版。

8.2　D^2l 法与负荷分配法

关于电机设计的基础研究方法，除了本书中论述的负荷分配法，利用主要尺寸和比负荷之间的关系的 D^2l 法也有广泛应用，下面对其进行概述。

在计算电机容量的式（2.15）中，令 $f = Pn/120$，则

$$S = \frac{K_0}{2}P^2 A_\text{C}\phi\frac{n}{60} \times 10^{-3} \tag{8.1}$$

设该电机的电比负荷和磁比负荷分别为 a_c 和 B_g，因为 $\phi/\alpha_\text{i}B_\text{g} = \tau l_\text{i} \times 10^{-6}$，所以：

$$\frac{S}{\alpha_\text{i}B_\text{g}a_\text{c}} = \frac{K_0}{2}P^2\left(\frac{A_\text{C}}{a_\text{c}}\right)\left(\frac{\phi}{\alpha_\text{i}B_\text{g}}\right)\frac{n}{60} \times 10^{-3} = \frac{K_0}{2}P^2\tau(\tau l_\text{i})\frac{n}{60} \times 10^{-9}$$

又因 $P\tau = \pi D$，所以

$$\frac{D^2l_\text{i}n}{S} = \frac{12.2 \times 10^9}{K_0\alpha_\text{i}B_\text{g}a_\text{c}} = \xi \tag{8.2}$$

式中，ξ 为尺寸系数。

这个公式是 D^2l 法的基础公式，与下列微增率法的磁负荷公式对应：

$$\phi = \phi_0 \times \left(\frac{s}{f \times 10^{-2}}\right)^{\frac{\gamma}{1+\gamma}}$$

图 8.1 ~ 图 8.3 所示分别为直流电机、同步电机、感应电机的尺寸系数和容量的关系的统计。可见，尺寸系数根据电机容量大不相同，不仅容量越大，ξ 越小，而且 ξ 在容量相同的同类电机中取值范围也非常广，并不便于使用。

截至修定第 3 版时，图中的数据已过时（1943 年之前），但出于尊重原著的原因作了保留。在输出功率相同的前提下，尺寸系数越小，旋转电机越易于小型化。现今的旋转电机的尺寸系数约为书中数据的 1/2 以下。

作为 D^2l 法的应用实例，下面试着进行第 6 章所述 45 kW 直流电机的设计计算。可以根据图 8.1 预估尺寸系数 ξ 的值，也可以预估比负荷 a_c 和 B_g。这里根据 6.3.2 节的设计实例设 $a_\text{c} = 34$，$B_\text{g} = 0.78$，$\alpha_\text{i} = 0.67$，直流电机的 $K_0 = 2$，

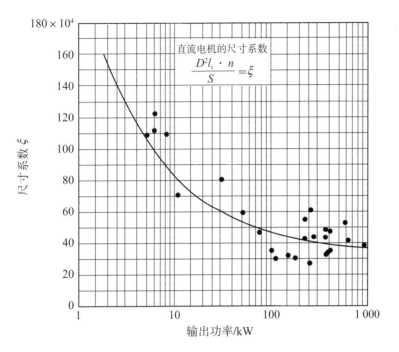

图 8.1　直流电机的尺寸系数

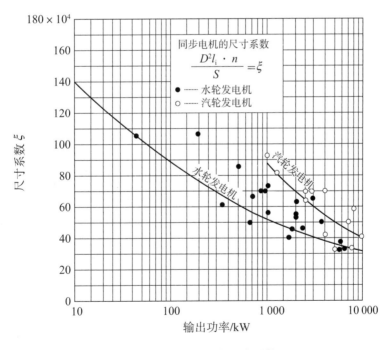

图 8.2　同步电机的尺寸系数

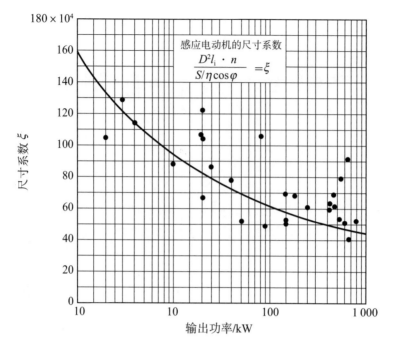

图 8.3　感应电机的尺寸系数

有

$$\xi = \frac{12.2 \times 10^9}{2 \times 0.67 \times 0.78 \times 34} = 343.3 \times 10^6$$

根据式（8.2）可以得到：

$$D^2 l_{\mathrm{i}} = 343.3 \times 10^6 \times \frac{45}{1150} = 13.4 \times 10^6$$

对于 $D^2 l$ 法，D 和 l 的比例是关键。普通电机的 $\tau/l_{\mathrm{i}} = \pi D/Pl_{\mathrm{i}}$ 取值范围为 $1.1 \sim 1.5$，在此范围内取几个值，列表如下

$\dfrac{\tau}{l_i}$	=	1.1	1.2	1.3	1.4	1.5
$\dfrac{D}{l_{\mathrm{i}}} = \dfrac{\tau}{l_{\mathrm{i}}} \times \dfrac{P}{\pi}$	=	1.4	1.53	1.66	1.78	1.91
$D = \sqrt[3]{13.4 \times 10^6 \times \left(\dfrac{D}{l_{\mathrm{i}}}\right)}$	=	265.9	273.9	281.4	288.1	294.9 mm
l_{i}	=	189.9	179.0	169.5	161.9	154.4 mm

取 $D = 260\,\mathrm{mm}$，则 $l_{\mathrm{i}} = 200\,\mathrm{mm}$，结果与第 5 章论述的负荷分配法基本相

同。这时，

$$\tau = \frac{\pi D}{P} = \frac{\pi \times 260}{4} = 204 \,(\text{mm})$$

$$\frac{\tau}{l_\text{i}} = \frac{204}{200} = 1.02$$

磁负荷：

$$\phi = \alpha_\text{i} \tau l_i B_\text{g} = 0.67 \times 204 \times 200 \times 0.78 \times 10^{-6} = 2.13 \times 10^{-2} \,(\text{Wb})$$

因此：

$$\frac{N}{a} = \frac{203}{2 \times 2.13 \times 10^{-2} \times 38.3} = 124$$

接下来的计算与第 6 章相同。

从这个计算实例来看，D^2l 法和负荷分配法同根同源，只是计算顺序不同。但是，D^2l 法仅适用于旋转电机设计，而本书论述的微增率法不仅计算步骤更简单，还适用于变压器设计。此外，微增率法的优势在于负荷分配与电机的主要特性合理相关。

截至 2016 年，旋转电机（同步电机）广泛使用的输出功率系数 K_u 可用式（8.3）表示：

$$K_\text{u} = \frac{P}{D^2 L_n} \tag{8.3}$$

这个输出功率系数来自电比负荷与磁比负荷的积，输出系数较大的旋转电机可以用更小的尺寸实现更大的输出功率。

20 世纪伊始，日本开始制造电机，引进欧美的设计理论并广泛使用 D^2l 法，直到 20 年代末田中龙夫博士发表了立方根学说[①]，强烈主张将负荷分配作为电机设计的基础。欧美当时除了 D^2l 法，也有学者主张将平方根学说[②]作为负荷分配法，但是这种方法有很多缺陷，在变压器之外并未得到应用。

[①] 田中龍夫. The basis of dynamo design. 電学誌，1919, 10: 597-687.

[②] Niethammer, R.Kennedy, A.Grey.

　　之后，本书原著者基于田中博士的学说提出了微增率法[③]，主张电机设计应以负荷分配为基础。此外，上田辉雄博士也研究并发表了基于电机转矩和磁负荷的关系进行负荷分配[④]的方法。

　　负荷分配法在日本得到了广泛的研究和发展，与欧美的 D^2l 法相比有诸多优势。当然，直到今天仍有诸多问题尚待研究。其中，迫切需要解决的问题之一是耐高温绝缘材料的进步对设计方法有何种影响，即其对负荷分配有何影响。而且这种分配法是某些重要问题的关键，仍在被研究和改善。原著者迫切希望负荷分配法能够被日本人完善，作为优秀的设计基础学说广为人知。

---

③竹内寿太郎. New method for the electric machine design and the mechanical device determining distribution of loadings. 電学誌, 1922, 10: 711-744.

④上田輝雄. 電気機械の基礎の構成要素とその運用. 早稲田大学出版部, 1930.

第9章 电力电子与电机设计

9.1 半导体装置与电机的结合

随着半导体应用装置的普及，电机与半导体装置结合的应用越来越常见。结合形式大致可分为以下几种，下面分别进行概述。

（1）与半导体功率变换装置结合。

（2）使用半导体自动控制装置。

（3）利用计算机对包括电机在内的系统等进行综合控制。

9.1.1 与半导体功率变换装置的结合

如直流电动机通过晶闸管整流器进行变压控制，感应电动机通过逆变器进行变压变频控制等，半导体功率变换装置与电机通过主回路相结合。

这时，以整流装置为发生源的谐波电压和电流会对电机产生以下影响：

（1）谐波引起的损耗使温升变大。

（2）产生振动和噪声。

（3）转矩出现脉动。

（4）输出功率、效率和功率因数低下。

（5）直流电机的整流效果恶化。

（6）对于变压器，还会产生偏磁及交直流绕组容量差异。

9.1.2 使用半导体自动控制装置

如交流发电机的自动调压装置、电动机的自动调速装置等,利用晶体三极管和晶闸管实施反馈控制,其响应性好,但对电机本身的设计也有影响。

此外,作为反馈系统的要素,电机的各种常数也必须明确。

9.1.3 系统控制

如接入变压器和发电机的电力系统的自动保护控制、关系到生产管理的电动机群的计算机控制等,但这对电机本身的设计并无太大影响。

9.2 半导体装置对电机的影响

9.2.1 半导体功率变换装置的波形

● 逆变器的输出波形

逆变器根据主回路结构大致可分为电压型和电流型,分别如图 9.1 和图 9.2 所示。电压型逆变器控制的是交流输出电压,以前的电压呈方波。电流型逆变器控制的是输出电流,以前的电流呈梯形波。两者都含有许多谐波成分。之后的双极型晶体管的等效正弦波 PWM 控制,整体上谐波成分有所减少,但由于开关频率低(0.5~2 kHz),在某些电压或频率下特定谐波成分会大幅增多。而现在,利用 IGBT 的等效正弦波 PWM 控制(开关频率为 5~15 kHz),可以得到接近正弦波的 $100\,\text{kV}\cdot\text{A}$ 级输出电压、电流。图 9.3 所示为等效正弦波 PWM 控制的输出电压波形。再大容量电机则通常采用多个逆变器通过相间电抗器并联驱动。

● 整流器的直流输出电压

三相整流器的直流输出电压如图 9.4 所示。假设直流电流不间断,则其直流平均电压 $E_{\text{d}\alpha}$ 可用下式所示:

$$E_{\text{d}\alpha} = \frac{\sqrt{2}E\sin\frac{\pi}{p}\cos\alpha}{\pi/p} \qquad (9.1)$$

式中,E 为交流电压;p 为脉冲数;α 为控制角。

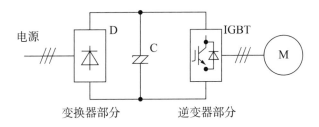

图 9.1 电压型逆变器

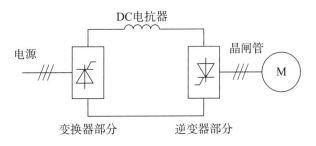

图 9.2 电流型逆变器

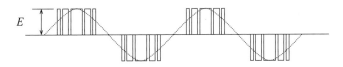

图 9.3 等效正弦波 PWM 控制的输出波形

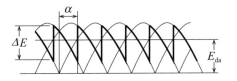

图 9.4 整流器输出电压

根据式（9.1），对于三相整流器，$p = 6$，直流平均电压 $E_{d\alpha} = 1.35E\cos\alpha$；对于单相整流器，$p = 2$，直流平均电压为 $E_{d\alpha} = 0.9E\cos\alpha$。

此外，脉动的最大幅度 ΔE 可用下式表示：

$$\Delta E = \sqrt{2}E\left[1 - \cos\left(\frac{\pi}{p} + \alpha\right)\right] \tag{9.2}$$

基于此电压，直流电动机的电枢电流脉动取决于其电阻和电感。

● 整流器对电源的影响

整流器接交流电源时，交流侧会出现谐波电流。电流波形因电路而异。如电容器输入型整流器（用于恒压定频装置或电压型逆变器的交流电动机调速等），由于接入了维持直流电压的大容量电容器，交流电源侧的电流只存在于整流器交流侧电压高于直流电路电压时，电流波形不连续，含有较多谐波。扼流线圈输入型整流器（用于直流电动机电源或电流型逆变器的交流电动机的调速等），为了使直流电流平滑，在直流电路中串联大电抗器，交流电源侧的电流呈梯形波，谐波仍然很多。

为了符合电力系统的谐波限制要求，可以针对多种谐波源统一设置有源滤波器（通过逆向波抑制谐波的半导体装置），或如图 9.5 所示，在逆变器的变换器部分使用 IGBT 进行 PWM 控制，以改善功率因数并减少谐波。

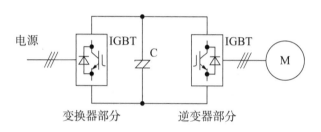

图 9.5　附带 PWM 转换器的逆变器

● 具有整流器负载的系统的其他部分交流电压

由于上述谐波电流的影响，系统中出现谐波电压，其值与电源到目标位置之间的变压器、线路的阻抗和谐波电流的积成正比。谐波电压通常远小于基波电压，且如上所述，在抑制谐波方面，电动机对谐波的电抗部分是基波的 n 倍，因此影响有限。

9.2.2　对各种电机的影响

● 交流电动机的逆变器控制

如 9.2.1 节所述，电压型和电流型逆变器控制输出经过设计后都接近正弦波，所以不必在电动机上作特殊考虑。

但是，源于 PWM 控制开关频率的谐波损耗主要发生在转子上，当开关频率低下时要注意转子温升。尤其是 PM 电机，要考虑转子永磁体的温度。

老式逆变器输出的谐波成分多，要多加注意。如果用方波电压驱动感应电动机，转矩会比同等有效值的正弦波低约 10%，一次铜损增大 15%~30%，二次铜损增大 40%~100%，会加剧噪声和振动等影响，需要重点考虑。

● 脉动电流对直流电动机的影响

1. 整流

电流脉动率有几种表示方法，这里采用总振幅脉动率 μ_{p}。根据图 9.6 有

$$\mu_{\mathrm{p}} = \frac{I_{\max} - I_{\min}}{I_{\mathrm{mean}}} \tag{9.3}$$

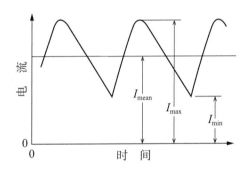

图 9.6 电流的脉动

当式（9.1）及式（9.2）表示的脉动电压施加到电枢回路上时，总振幅脉动率和电感的关系可用下式表示：

$$\mu_{\mathrm{p}} = \frac{\sqrt{2}K_{\mathrm{v}}E_{\mathrm{d0}}}{\pi f p L I} \tag{9.4}$$

式中，L 为电枢回路的总电感；K_{v} 为控制角 α 决定的系数（图 9.7）；E_{d0} 为空载无控制直流电压（V）；I 为额定电枢电流（A）；p 为整流相数；f 为整流器交流侧频率（Hz）。

直流电动机的脉动率越大，换向极的磁通量变化越跟不上电流脉动，越容易产生火花。通常，直流电动机的脉动率应控制在图 9.8 所示的上下限范围之内。从该图中求出脉动率限制值，代入式（9.4）即可求出 L 值。如果 $L > L_{\mathrm{a}}$ [L_{a} 用式（6.37）求取]，就串联二者差值的电感器。

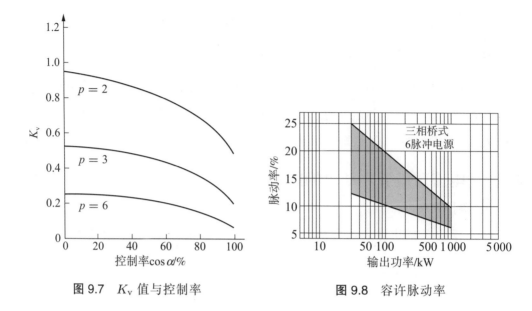

图 9.7　K_v 值与控制率　　　　　图 9.8　容许脉动率

另外，当换向极和定子磁轭都是叠层结构时，换向极磁通量的随动性会有所改善，耐脉动性得以提升。中小容量电机不设外部电感，即使脉动率达 40 % ~ 60 %，整流也不会恶化。近年来，这种电动机越来越多了。

2. 电流的断续

控制角 α 大、负载小时，电枢电流容易断续。电流断续，速度变动率就会变大，引发振动、噪声。

对于实际应用，设不断续最低极限电流为 I，当下式中的 L 大于 L_a 时，在电枢回路中串联二者差值的电感器。

$$L = \frac{E_{d0}}{I} \cdot \frac{\sin \alpha}{2\pi f} \left(1 - \frac{\pi}{p} \cot \frac{\pi}{p} \right) \qquad (9.5)$$

● 整流器负载对同步发电机的影响

在同步发电机作为独立电源，整流器作为负载的情况下，要考虑受谐波电流影响的制动绕组耐热量和相位控制带来的功率因数低下影响的励磁绕组耐热量。

制动绕组耐热量还要考虑反向电流的影响，对于普通柴油发电机按 15 % 考虑（JEM 1354）。整流器的负载电流耐受量通常为前者的 2 ~ 3 倍，按 30 % ~ 45 % 考虑。

另一方面，对整流器进行相位控制时，设控制角为 α，则电源侧的功率因数约等于滞后的 $\cos\alpha$。负载功率因数低下时，要预留补偿电枢反应的励磁电流，所以当发电机的功率因数低于额定功率因数时必须减小容量使用。

整流器负载与发电机的结合要同意满足以上两个条件，但如 9.2.1 节所述，可以通过有源滤波器和正变换 PWM 控制等减少谐波，同时改善功率因数以接近 1。有时也可以采取上述办法防止发电机容量增大，以得到最优系统。

● 与自动控制的关系

使用带有微控制器的电子控制装置后，控制精确性和响应性显著提高，但也对电机设计产生了影响。

例如，交流发电机的短路比或固有电压调整率在过去是一项有意义的参数，但随着自动调压装置的响应速度加快，设计上已经无需限制固有电压调整率了。

再者，即使直流电动机的退磁作用产生负的速度变动率，也能够通过晶闸管自动调速装置实现稳定运转，可以省略稳定绕组。

感应电动机和 PM 电机更加容易实现矢量控制（参见 5.1.3），甚至可以实现近似于直流电动机的转矩控制和速度控制。由此，交流电动机的适用范围得以扩大，但在要求快速响应的伺服应用等方面，控制响应和电动机参数的关系成为重要的设计要素。

● 整流器用变压器

为了向整流电路提供所需的功率，整流器变压器要满足变压、相数变换和中性点引出，以及绝缘要求。由于整流器件的开关动作会产生断续电流，因此要注意偏磁和绕组容量。

1. 直流偏磁

在单相半波和三相半波整流电路中，变压器的直流绕组只流过半波电流，含有直流成分。一次电流是交流，交流绕组中会产生抵消上述直流成分的电流，使铁心直流磁化，可能引发磁饱和，要多加注意。全波整流中不会出现类似问题。

2. 绕组容量

设整流器的输出电流为 I_d（A），空载无控制时电压为 E_{d0}（V），则 $P_d = E_{d0}I_d$。考虑到电流波形，变压器绕组容量应大于 P_d。

例如，对于三相桥式整流器取 $1.05P_d$，对于单相桥式整流器取 $1.11P_d$。在这种情况下，直流绕组和交流绕组中是同波形的交流电流，两个绕组容量可以相同。

但是，半波整流电路中两个绕组的电流波形不同，所以两个绕组容量也不相等。例如，三相半波整流的直流绕组容量为 $1.48P_d$，交流绕组容量为 $1.21P_d$；采用相间电抗器双星形接法时，直流绕组容量为 $1.48P_d$，交流绕组容量为 $1.05P_d$。

附录　计算机的应用

现如今，使用计算机进行电机设计已是常态。

其代表性方法是，用计算机存储本书所述的计算步骤和设计数据。这样，输入参数就可以得到最佳设计结果，可以使用高精度计算公式和数据，还可以进行电机结构部分的设计计算，一并输出图纸、装配单、物料清单等。

附图1所示为计算机设计流程范例，附图2是其中点划线部分的详细说明。这两张图是流程概要，各流程框省略了更详细的组装。另外，还省略了电磁振动、噪声和机械强度等的计算，实际上这些都是重要的设计环节。

上述方法仅适用于设计方法标准化，对于特殊判断，大多数情况下需要设计人员介入决策。

近年来，利用计算机进行电磁分析、结构分析、热流体分析等的高级仿真技术日渐发达，建议积极引入这些技术来具体探讨各设计步骤。

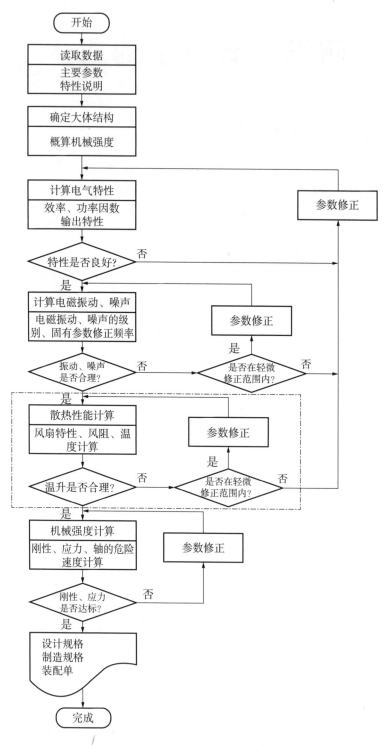

附图1 旋转电机的设计流程范例

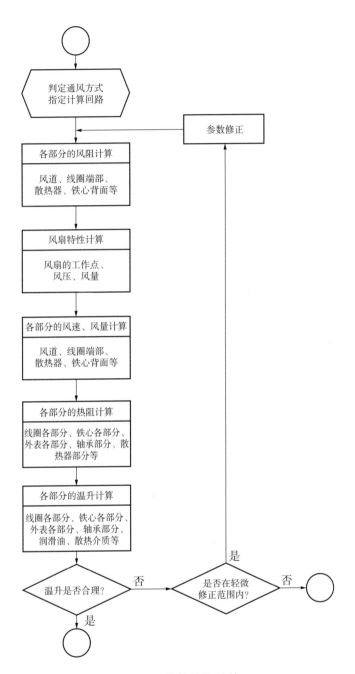

附图2　散热性能计算

原著第2版跋

比起设计方法的进步,电机的发展更依赖于新材料的开发及标准的更新。本书的初版发行于1953年,当时的材料和标准很多都不适用于现状了。

本书的理论基础是笔者主张的负荷微增率法,设计实例则是根据明电舍设计部石崎彰博士、坪岛茂博士和高井章先生最近的实制电机的资料改编而来,在此深表谢意。

随着自动控制的发展和半导体器件的面市,电机的使用状态日新月异,形态也必将在未来发生巨变。在此背景下,电机设计法中的负荷和比负荷的分配也将发生变化。因此,设计人员要随时关注电机的最新使用状态,改良设计。

得益于东京电机大学教授矶部直吉博士的努力,本书得以修订,以共著的形式出版发行。

竹内寿太郎

1968年12月

原著第2版附言

本书修订之际，根据前言中的主旨，注意了以下事项。

（1）为了明确电机的本质，先与其他动力设备加以比较，再围绕电机尺寸和容量的关系加以概述。

（2）各种电机的设计基础均相同，实际设计中可采用完全相同的思路进行处理，各机型可采用相同的计算步骤。

（3）本书使用SI单位制，同时结合商业设计的实际情况采用了厘米（cm）、毫米（mm）等单位。

（4）商业设计中除特殊类型的电机以外，还采用了按照设定程序运算的计算机系统，采用计算机进行具体特性和温升等的复杂计算。本书附录中概述了此类计算机应用范例。本书的目标在于让读者掌握电机的特性理论和设计技术，因此例题的计算基于计算尺，但也能满足实际应用了。使用计算器进行计算时，不要一概取大值，而是要注重适度，希望读者通过例题计算加以体会。

（5）本书省略了许多公式的证明过程，想要了解具体内容的读者请参考竹内寿太郎博士所著的《电气设备设计学》（欧姆社）。

竹内寿太郎
1968年12月

原著第1版跋

笔者先前出版了《电气设备设计学》一书。时至今日，这本书不仅被用于实际职场，也被高校及大学选作教材，实属荣幸。但是，随着教育制度的改变，新制大学的专业课课时有所减少。作为教材，这本书的内容有必要加以修改。这就是笔者写作《电机设计大学讲义》的缘由。而前一版本的《电气设备设计学》，就留作本书的理论说明参考书。

在大学开设电机设计课程并不仅是为了掌握设计方法，也是为了打好电机理论的基础，以加深理解。实际上，设计是一门技术，并非一门学科，学无止境。若想在有限的时间内讲授这门技术，就必须遵循设计学，尽可能对其要旨进行普遍性的论述和整体性的讲解。

本书在前一版本的《电气设备设计学》的基础上，对有助于理解电机的关键内容进行了更加明晰的讲解，又加入随着近年来的发展而出现的各种问题，设计数据等也有所修改，根据实例详解了这些内容对电机主要特性的影响。

掌握电机设计，从例题计算开始。学会了理论并不等于学会了设计，无论是哪个步骤，只有进行实际设计计算，才能掌握电机的本质。倘若各位读者能对电机有更深层次的认识，则是笔者的无上荣幸。

本书的出版得到了东京电机大学助理教授矶部直吉的大力协助，在此深表谢意。

竹内寿太郎
1953年5月